U0155530

VICTORIAN

—维多利亚—
建筑彩绘

Architectural Painting

[法]佩雷·夏巴 编 慕启鹏 周枭 编译

江苏凤凰美术出版社

前　言

通过尼古拉斯·佩夫斯纳（Nikolaus Pevsner）的那本《现代设计的先驱者：从威廉·莫里斯到格罗皮乌斯》（*Pioneers of modern design: from William Morris to Walter Gropius*），我们大概可以对维多利亚时期的艺术，更准确地说是手工艺，有一个基本的印象——丑陋不堪和装饰过度，是一个工业水平极度发达但是审美水平却极端堕落的时代。但是建筑领域却没有像其他手工艺品一样表现出那种低劣的素质，这是因为除了基础设施的改善之外，建筑依然是靠建筑师和工匠用手建造起来的作品。

佩雷·夏巴（Pierre Chabat，1827–1892）最初曾是一名铁路工程师，1865 年成了巴黎的一名城市建筑师；同时，也作为教师在大学里面教授建筑学和土木工程学两门专业课程。1881 年，他和法国建筑师菲利克斯·莫墨里（F é lix· Monmory）一起出版了一本名为《砖和赤陶：材料的历史研究；使用工艺和方式以及不同国家建筑的建造和装饰图》（*La Brique et la Terre Cuite: Etude historique de l'emploi de ces matériaux; fabrication et usages; motifs de construction et de decoration choisis dans l'árchitecture des différents peuples*）的图册。虽然售价很高，但依然被抢购一空。大约在 1889 年，夏巴又独自编辑出版了这本图册的第二个系列——《砖和赤陶：第二系列之别墅、城市住宅、乡村住宅、中学、小学、教堂、火车站、市场、避难所、牛棚、棚屋、鸽舍、烟囱等》（*La Brique et la Terre Cuite: Seconde série comprenant: Villas, hotels,maisons de compagne, lycées, écoles, églises, gares, halles à merchandise, abris, écuries, remises, pigeonniers, cheminées,etc.*），这两个系列加起来总共收录了 160 个维多利亚时期诸如医院、餐厅、体育馆和屠宰场等不同类型的用红砖和赤陶建造或装饰的建筑物的图版案例，甚至还包含了 1867 年、1878 年和 1889 年三届巴黎世博会中的一些构筑物。除了大部分来自法国本土的案例之外，该图册也收录了包括比利时、荷兰、德国、英国和

意大利在内的一些其他国家的建筑案例。只有很少的几个案例是未经建成的设计方案，其余则都是建成的建筑。这其中有些建筑是出自知名的建筑师或工程师之手，如亚历山大－古斯塔夫·埃菲尔（Alexandre-Gustave Eiffel），有些建筑则一直被使用并保留到了今天，但更多建筑的建筑师和建造商早已被人们所遗忘，大部分的建筑也已经被拆掉。

第一次工业革命所引发的欧洲城市化进程给当时的建筑设计带来了众多变化，其中之一就是建筑师的业务委托人由原来的教会或王室贵族变成了城市中新兴的资产阶级。这些新兴的资产阶级由于没有受过系统的艺术教育，所以在审美品位上更偏向于追求新颖和异国情调，对古典的那一套并不感兴趣。鲜艳华丽的装饰比严谨理性的比例更容易引起他们的情感共鸣，所以由此类委托人所委托建造的建筑项目往往具有诸如平面图不对称、形态不规整、有高耸的三角屋顶和装饰华丽等相似的特征，而恰恰就是这些特征对下一个世纪的建筑设计产生了极为深远的影响。

130 年过去了，这本图册早已被人们遗忘。现在，江苏凤凰美术出版社竟然有兴趣将其从故纸堆中整理出来呈现给中国的读者，实实在在是做了一件好事情。因为这本图册所记录下来的这些建筑一般是不会作为主流艺术类型被收录到建筑史或艺术史中的。传到今天它就不仅仅只是一本记录维多利亚时期红砖和赤陶建筑的参考图册了，更是一份能够让我们直观了解欧洲（特别是法国）那段时期相关市井建筑风貌的珍贵史料。只是可惜限于能力和原始文本清晰度的不足，有些内容并不能做出准确的翻译，在此还请各位读者谅解，也真心希望大家能够喜欢这本图册。

慕启鹏 周枭

2019 年 5 月 10 日

山东 济南

目　录

布洛涅别墅

位置：塞纳河畔的布洛涅大道　建筑师：于向 · 玛涅

主立面图

侧立面图

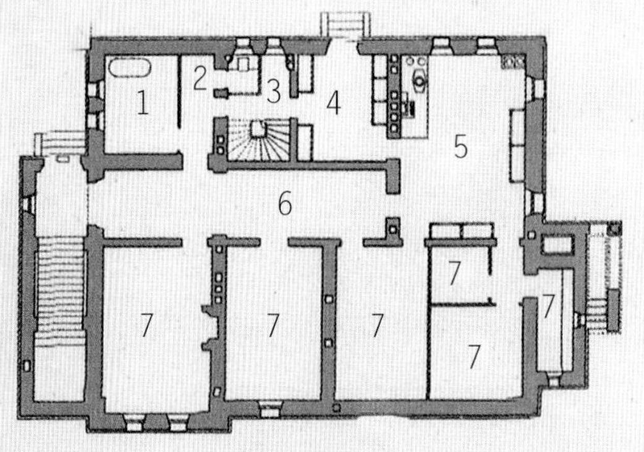

地下室平面图

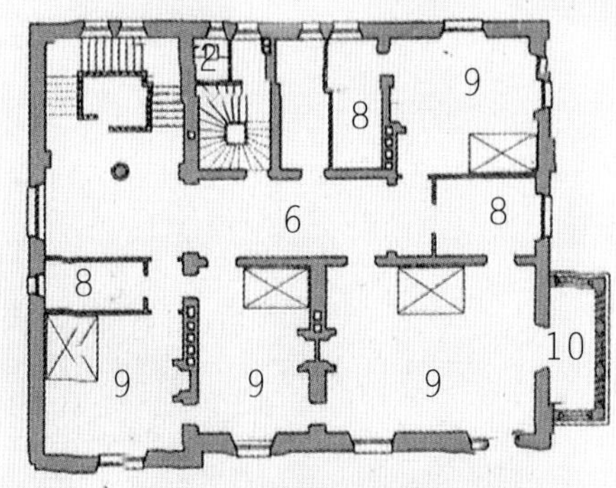

二层平面图

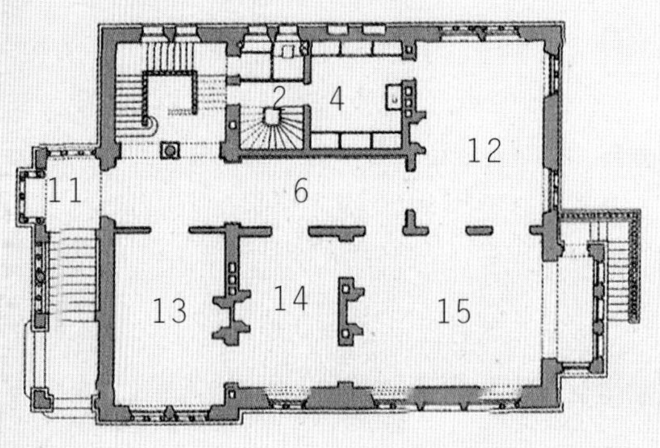

一层平面图

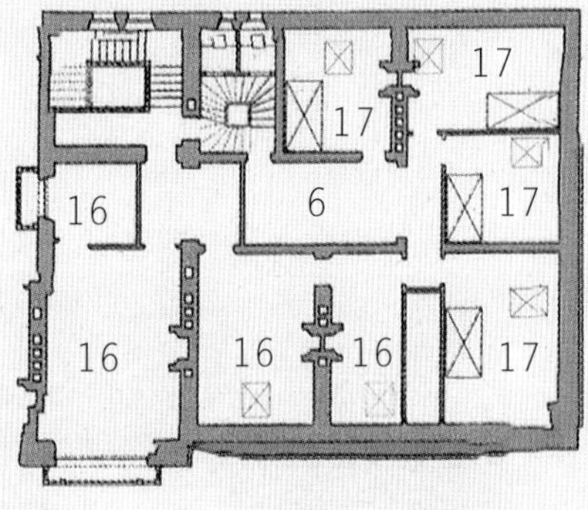

三层平面图

图例

1. 浴室
2. 厕所
3. 洗衣房
4. 办公室
5. 厨房
6. 画廊
7. 地窖
8. 盥洗间
9. 卧室
10. 卧室
11. 过廊
12. 餐厅
13. 工作间
14. 会客沙龙
15. 大沙龙
16. 储藏室
17. 佣人房

剖面图

正立面图

图例

1. 住宅
2. 马厩、畜舍、佣人房
3. 温室
4. 鸡舍
5. 烟洞
6. 马具存放室
7. 客房
8. 厕所
9. 肥料仓

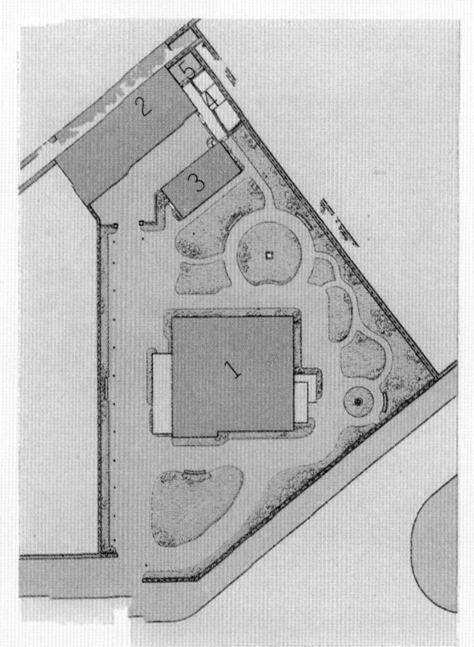

总平面图

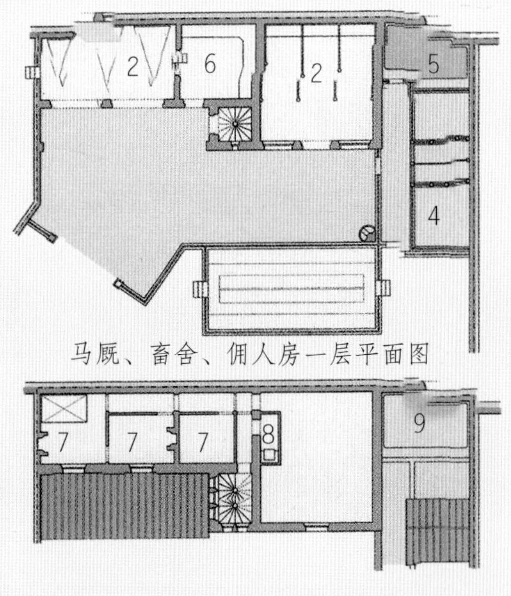

马厩、畜舍、佣人房一层平面图

马厩、畜舍、佣人房二层平面图

车门立面图

鸡舍立面图

下院门立面图

巴黎仕女路上的学校

位置：法国巴黎仕女路　建筑师：哈什・耶哈

正立面图

二楼平面图

一楼平面图

乌尔加特的别墅

位置：法国多维勒省

建筑师：艾·帕皮诺

正立面图

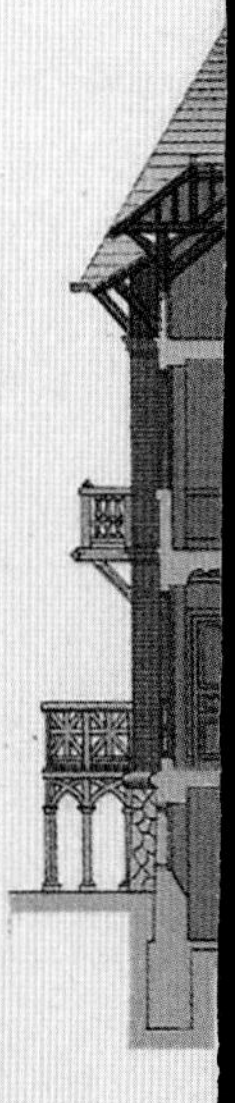

图例

1. 大厅
2. 厨房
3. 杂物间
4. 地窖
5. 办公室
6. 盥洗间
7. 卧房
8. 客厅
9. 餐厅

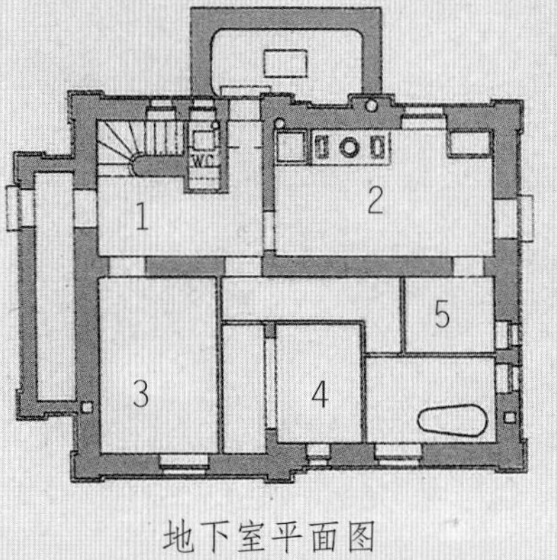

地下室平面图

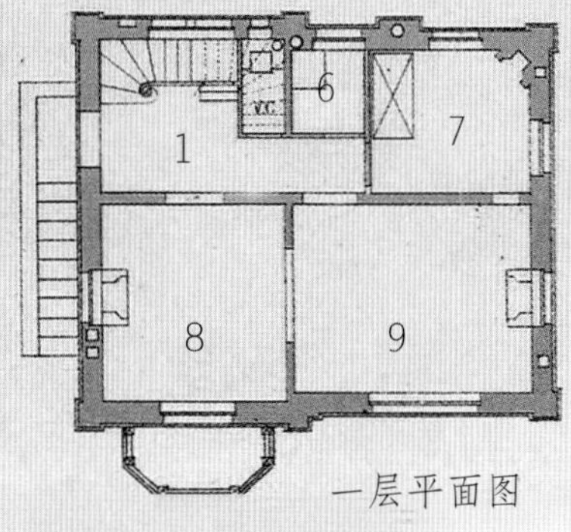

一层平面图

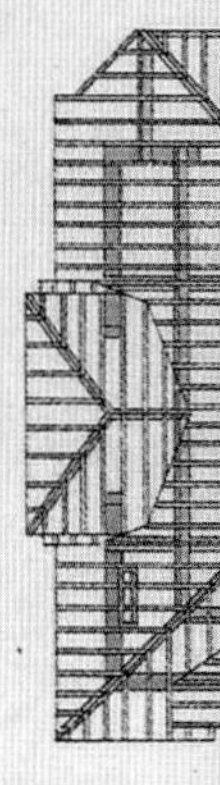

侧立面图

剖面图

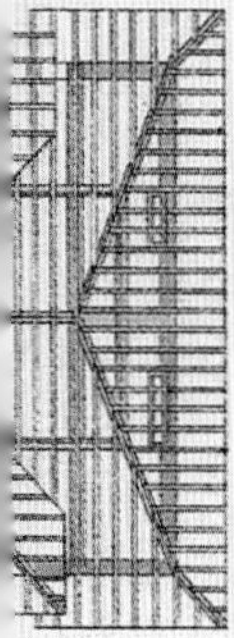

屋顶平面图

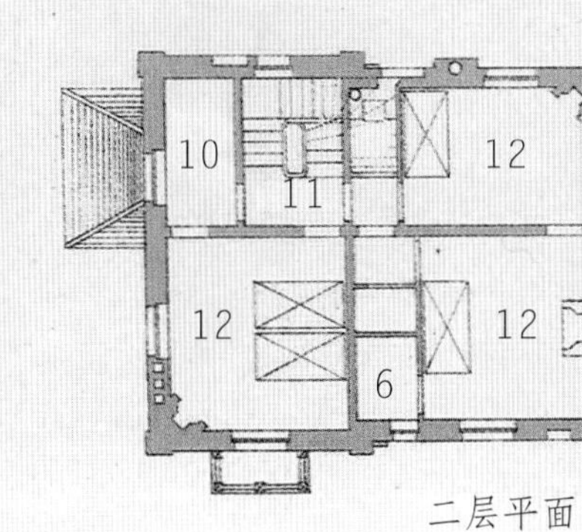

二层平面图

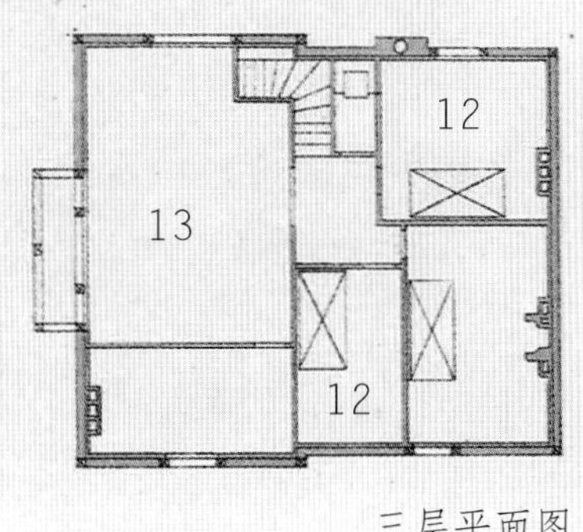

三层平面图

10. 浴室
11. 台阶
12. 客房
13. 工作间

住宅服务房

位置：法国巴黎纳伊圣弗龙　建筑师：西门内特

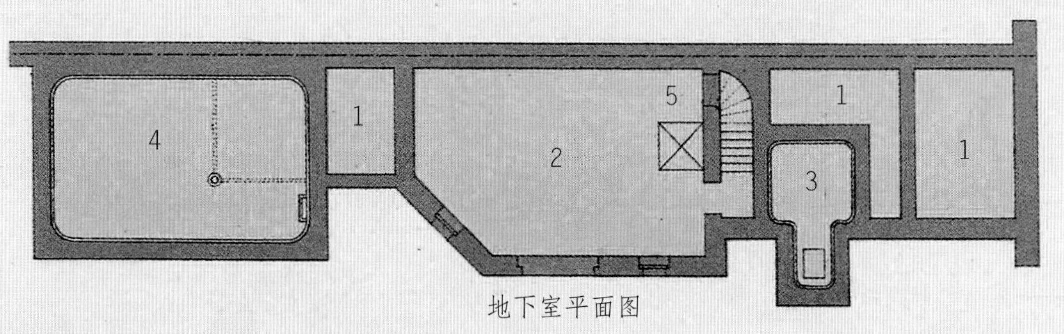

地下室平面图

立面图

图例

1. 佣人房
2. 地窖
3. 煤仓
4. 烟洞
5. 热风机
6. 棚
7. 橘室[1]
8. 畜舍
9. 马厩
10. 厕所

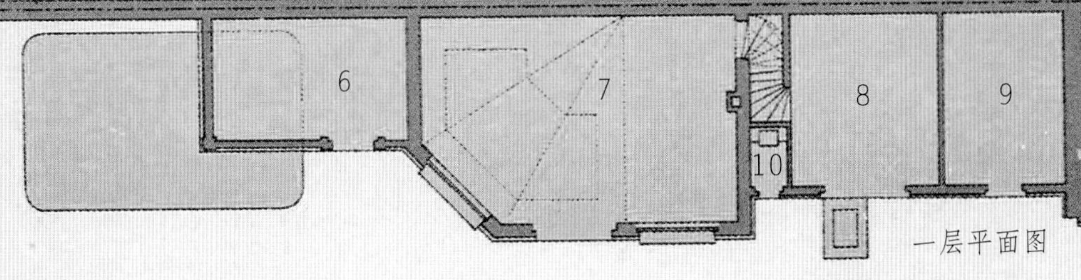

一层平面图

注[1]：15世纪后，柑橘被引种到欧洲，成为贵族阶层追捧的对象，纷纷在住宅内建设暖房和温室种植柑橘，称为橘室。

某仓库

建筑师：马尔科

剖面图

平面图

山墙

立面图

昂布里库尔的木屋

位置：法国加来海峡省昂布里库尔　建筑师：阿·芬恩

特鲁维尔别墅之一

位置：法国卡尔瓦多斯省特鲁维尔镇　建筑师：古尼洛

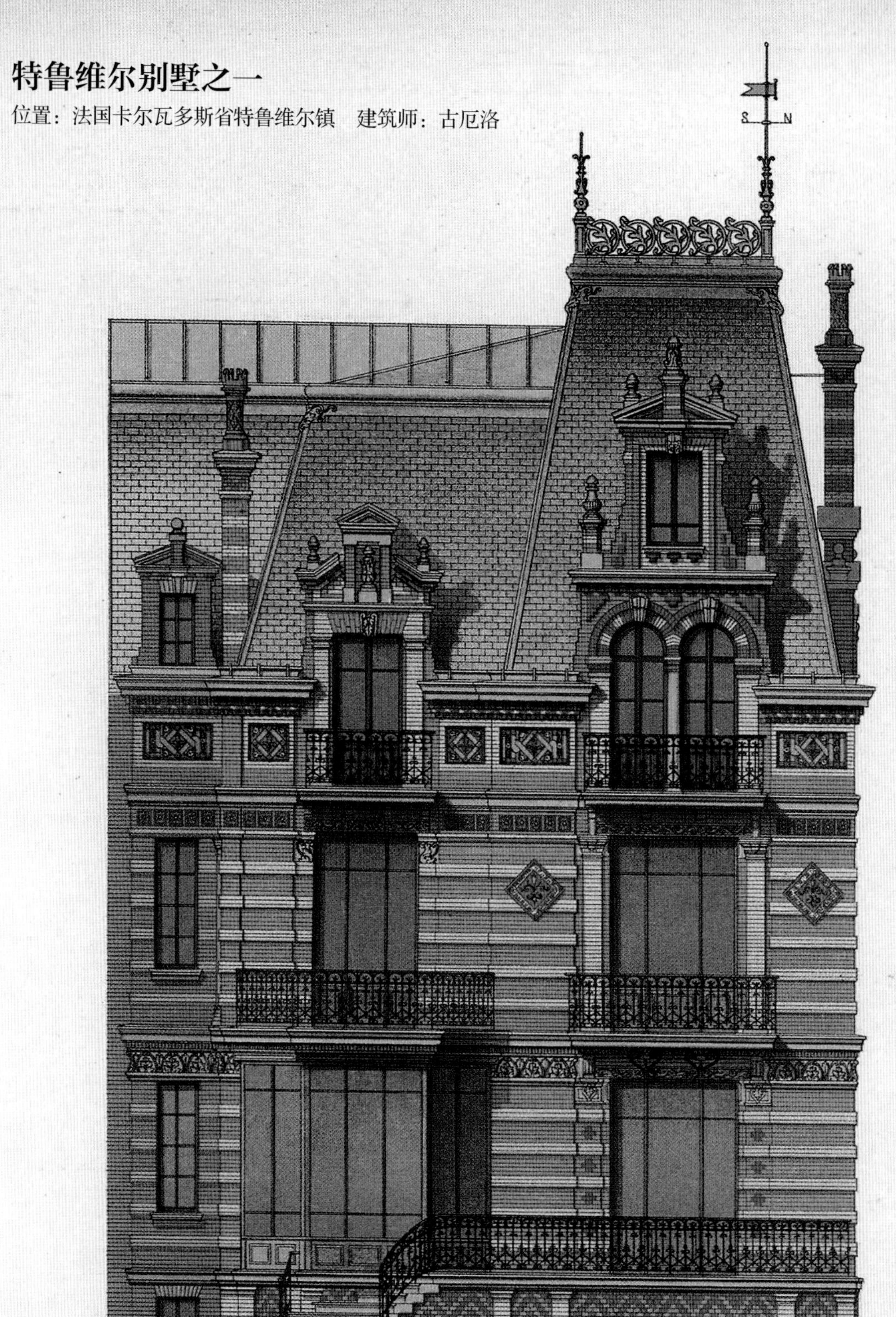

海边的立面图

入口处立面图

乌基恩·德坎住宅

位置：法国卡尔瓦多斯省滨海维莱尔

某住宅的马厩和储存间

位置：法国巴黎

建筑师：亨利·帕利特

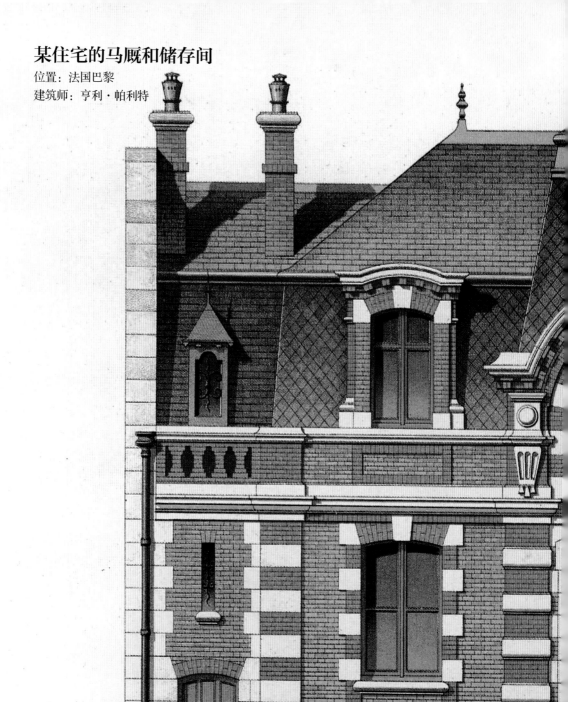

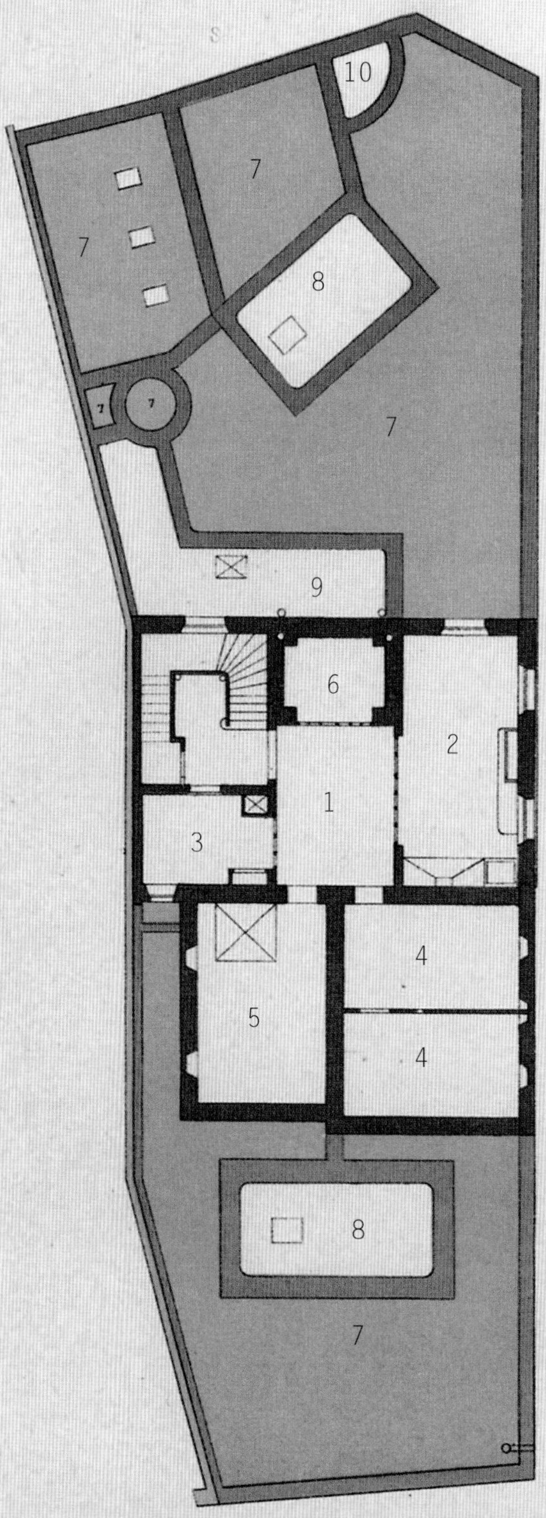

地下室平面图

图例

1. 大厅
2. 厨房
3. 升降机
4. 地窖
5. 供暖房
6. 灯具贮存间
7. 地基
8. 蓄水池
9. 煤仓
10. 烟洞
11. 过廊
12. 大厅
13. 大客厅
14. 小客厅
15. 餐厅

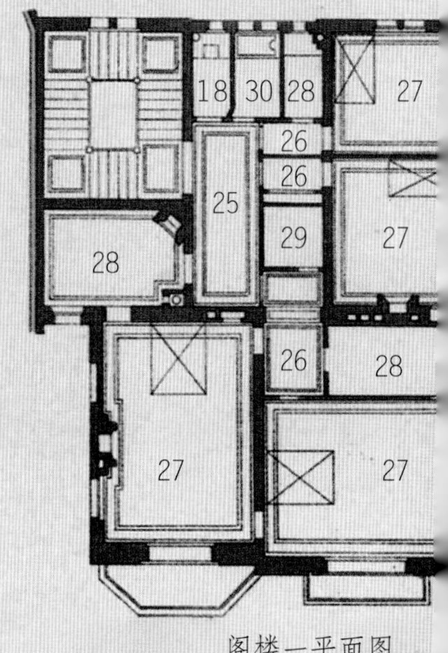

阁楼一平面图

纵剖面图

图例

16. 办公室
17. 衣帽间
18. 厕所
19. 马厩
20. 马具存放室
21. 畜舍
22. 院子
23. 花园
24. 阳台
25. 会客室
26. 入口
27. 卧房
28. 厕所
29. 杂物间

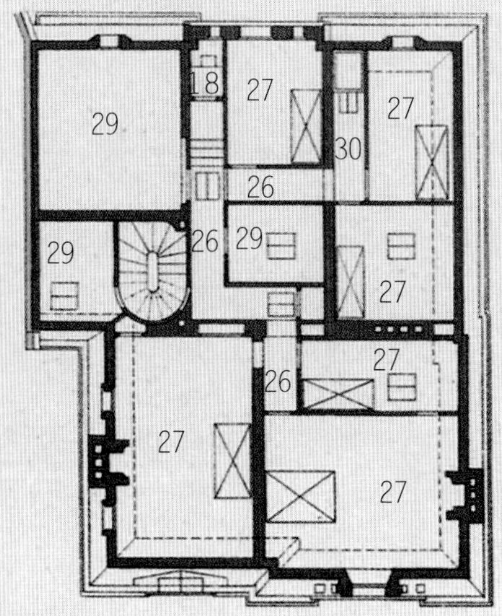

阁楼二平面图

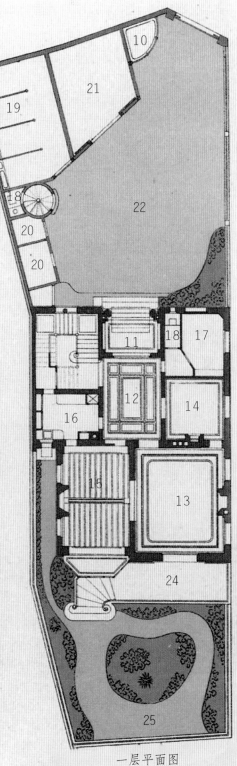

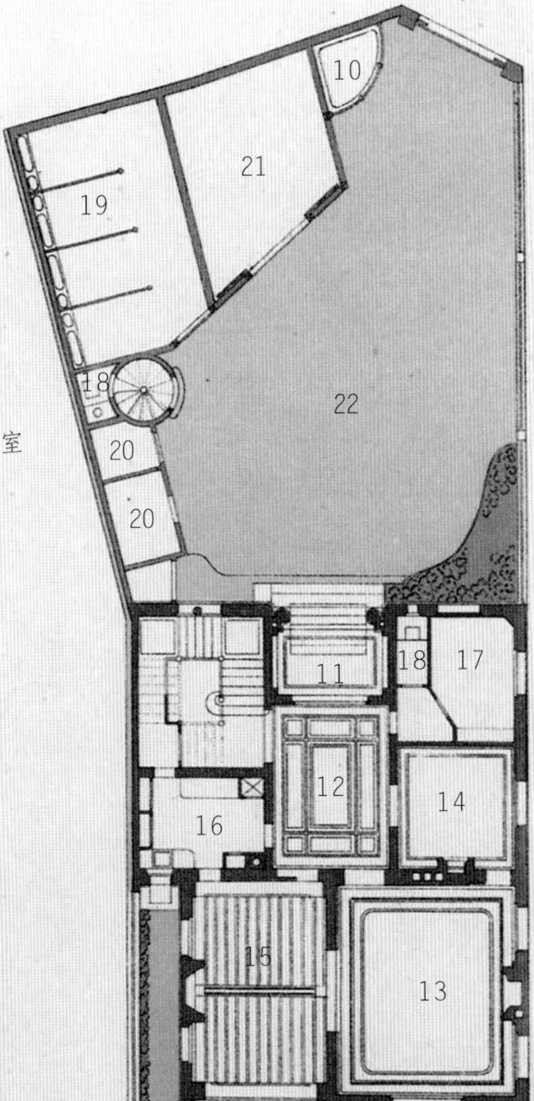

一层平面图

拉卡纳尔寄宿高中

位置：法国巴黎国玺镇　建筑师：阿·德布笃

立面图 1

立面图 2

立面图 3

幼儿园 / 小学

位置：法国巴黎附近圣莫代福塞

建筑师：哈・马林

主立面图

剖面图

图例

1. 班级课室
2. 有顶篷操场
3. 健身房
4. 玻璃过廊
5. 男孩活动场
6. 女孩活动场
7. 幼童操场
8. 绘画课室
9. 步枪库
10. 门房
11. 大厅
12. 煤炭存放室
13. 车行道
14. 过道
15. 厨房
16. 杂物间
17. 小园子
18. 喷泉

10
10
11
12
14
18
2
18
1
1
1
1
1
14
9
6
14
8
13
5
6
7
3
2
7
1
14
15
16
14
2
4
Rue du Bac
NORD

一层总平面图

16~17世纪荷兰人住宅

位置：荷兰阿姆斯特丹和哈勒姆

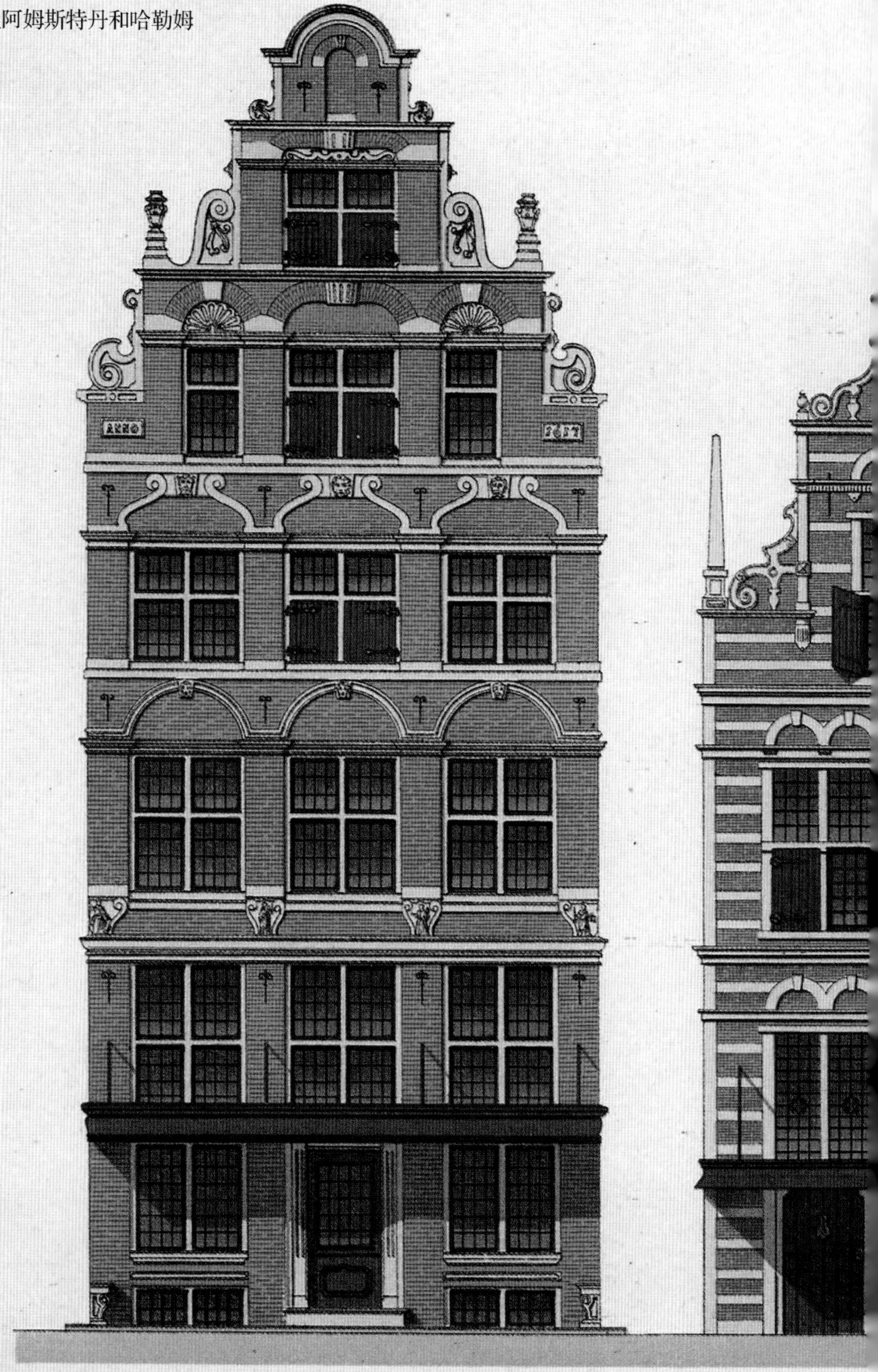

立面图 1

立面图 2

立面图 3

村庄住宅竞赛方案

建筑师：波涅尔

图例

1. 供暖室
2. 葡萄存放
3. 储物室
4. 厨房
5. 酒窖
6. 地基
7. 机动设备房
8. 卧室
9. 盥洗室
10. 浴室
11. 过道
12. 厕所
13. 卧室

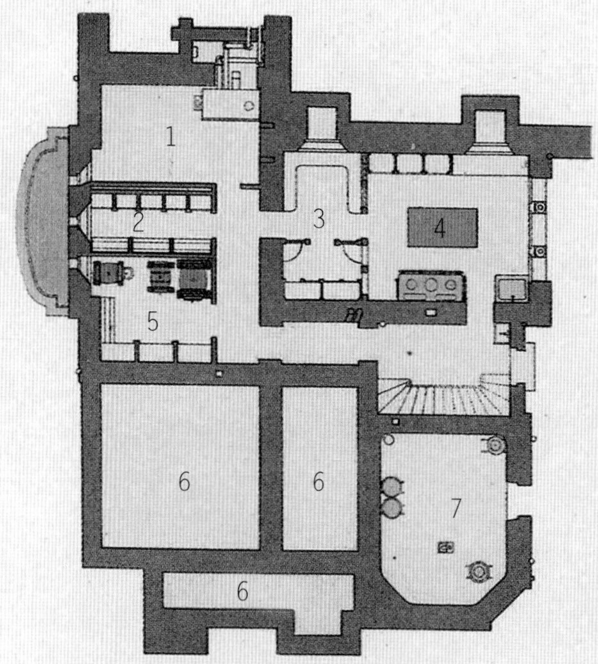

地下一层平面图

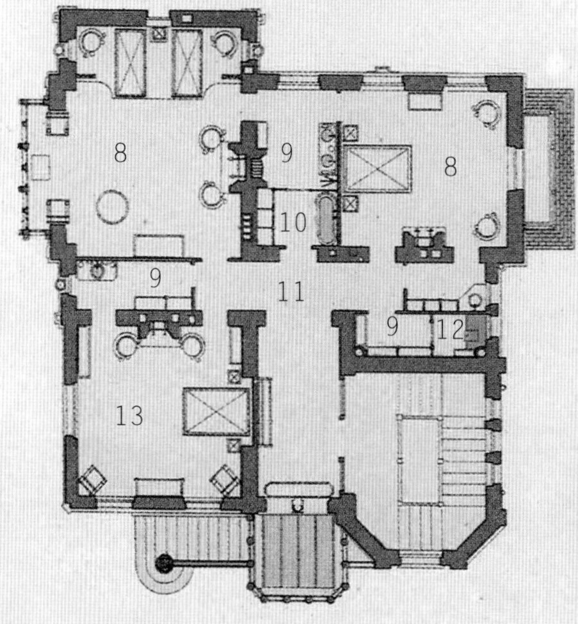

二层平面图

横剖面图

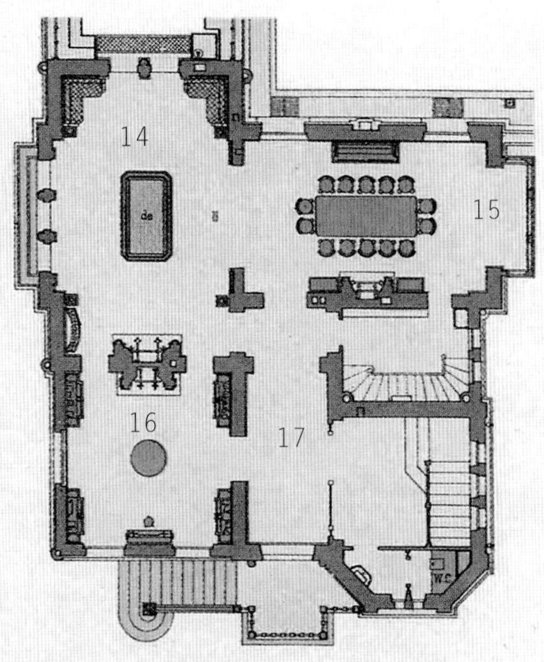

一层平面图

图例

14. 台球室
15. 餐厅
16. 客厅
17. 过厅
18. 佣人房
19. 衣帽间
20. 阳台

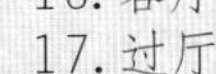

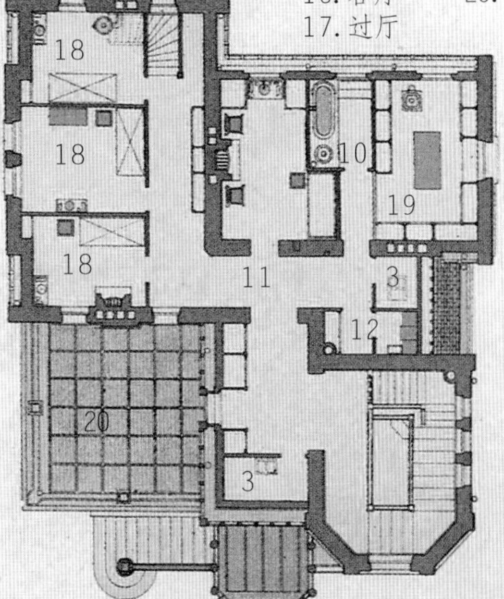

三层平面图

立面图（入口处）

立面图（花园一侧）

阿德莱德别墅

位置：法国卡尔瓦多斯省特鲁维尔镇　建筑师：德拉鲁

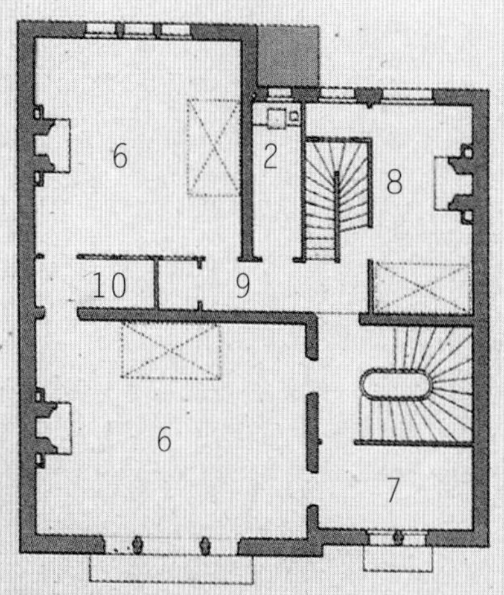

阁楼平面图

图例

1. 院子
2. 厕所
3. 地窖
4. 马厩
5. 畜舍
6. 卧房
7. 儿童房
8. 浴室
9. 过道

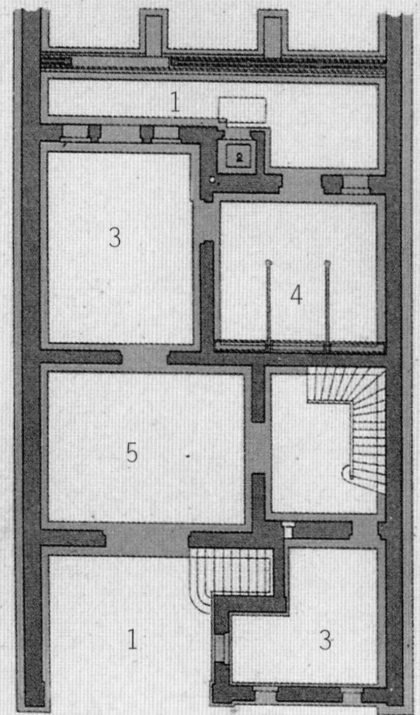

地下平面图

图例

10. 厕所
11. 衣柜
12. 餐厅
13. 沙龙
14. 厨房
15. 阳台
16. 门道
17. 前厅
18. 洗衣房

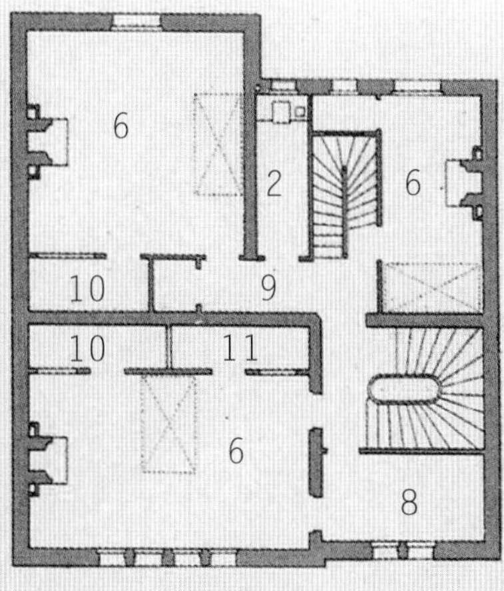

二层平面图

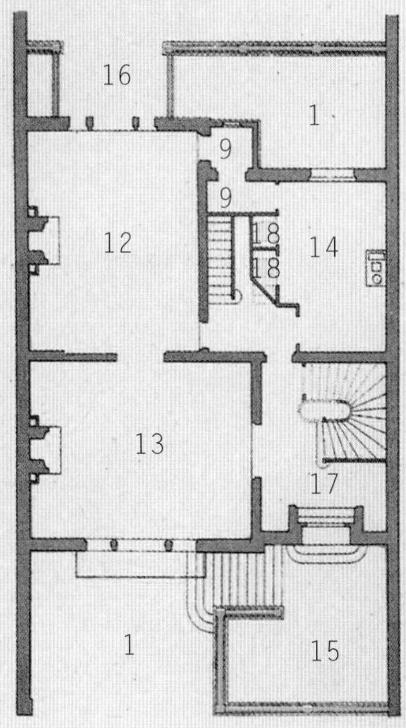

一层平面图

穆松桥别墅

位置：法国南锡　建筑师：皮埃尔·查贝特

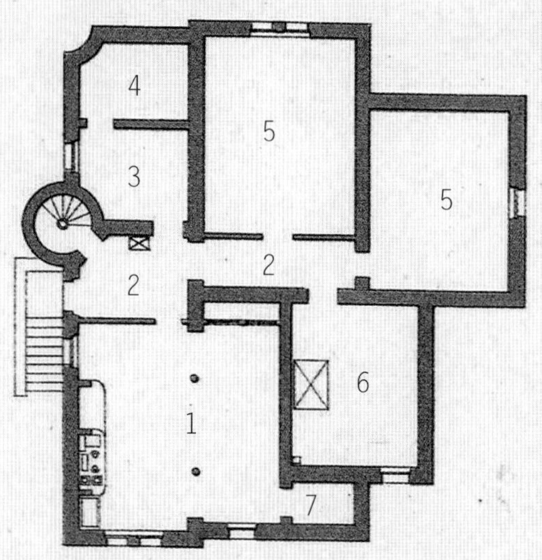

地下室平面图

图例

1. 厨房
2. 过道
3. 办公室[1]
4. 休息室
5. 地窖
6. 供暖室
7. 储物间
8. 小餐厅
9. 餐厅
10. 台球室

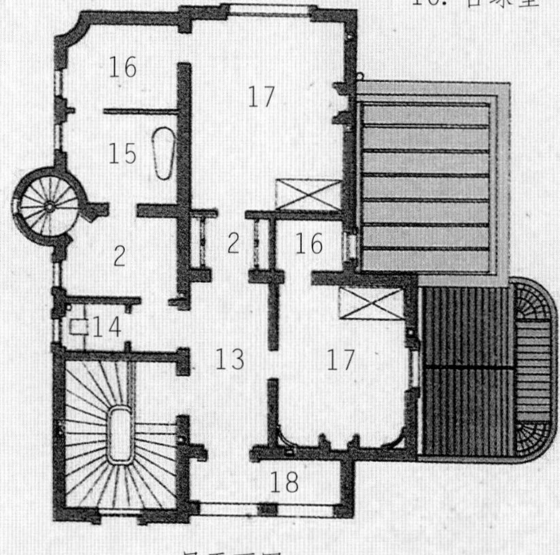

二层平面图

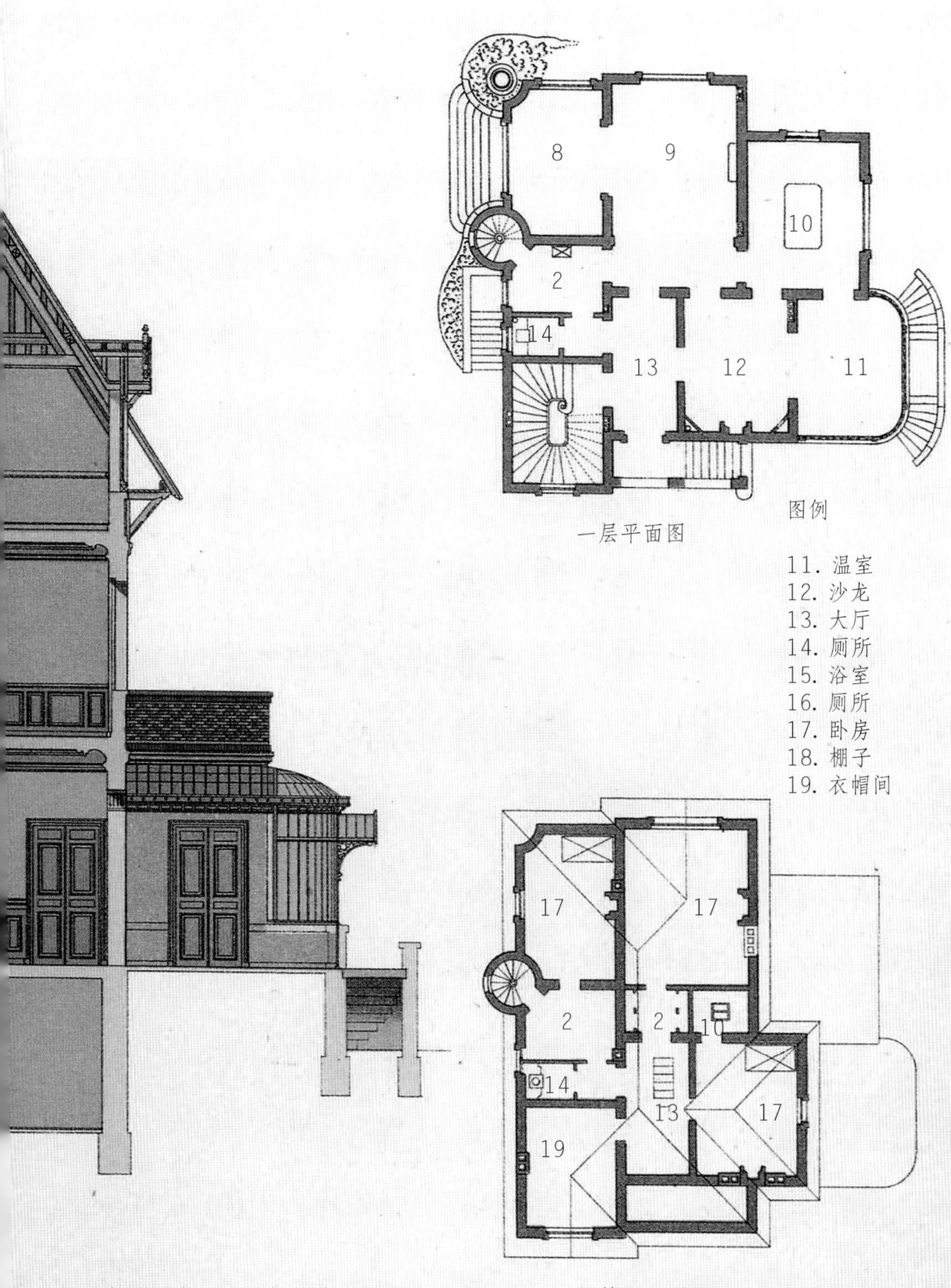

图例

11. 温室
12. 沙龙
13. 大厅
14. 厕所
15. 浴室
16. 厕所
17. 卧房
18. 棚子
19. 衣帽间

注 1：地下室的办公室一般为管家办公室。

主立面图

背立面图

拉斐尔大道的马厩

建筑师：A. 斐

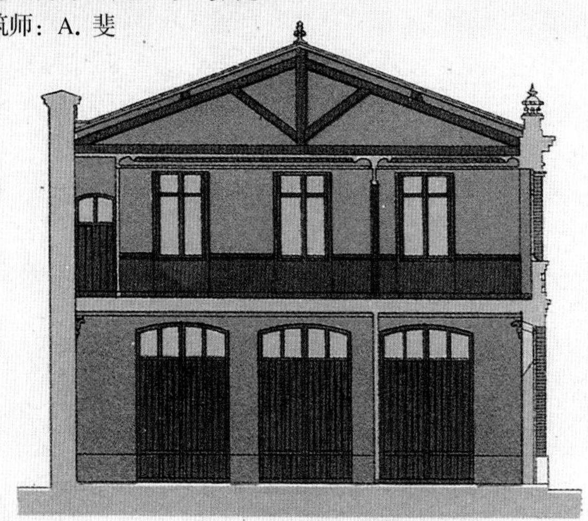

畜舍的剖面图

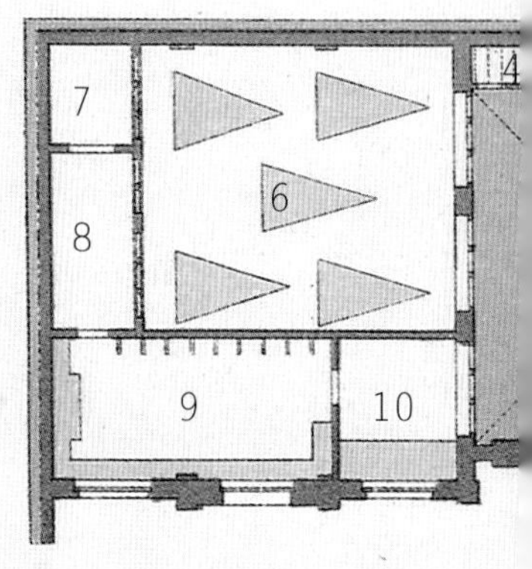

图例

1. 有顶棚庭院
2. 烟洞
3. 喷泉
4. 厕所
5. 马厩
6. 畜舍
7. 小院子
8. 寄存室
9. 马具存放室
10. 清洗间

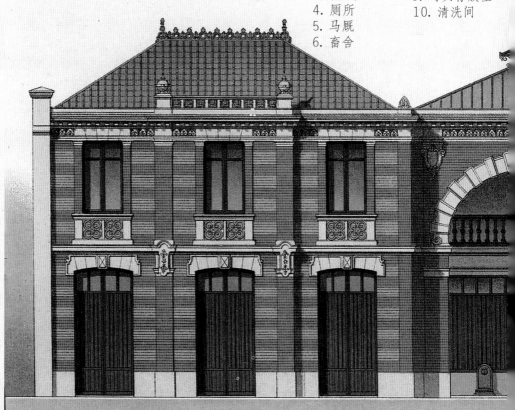

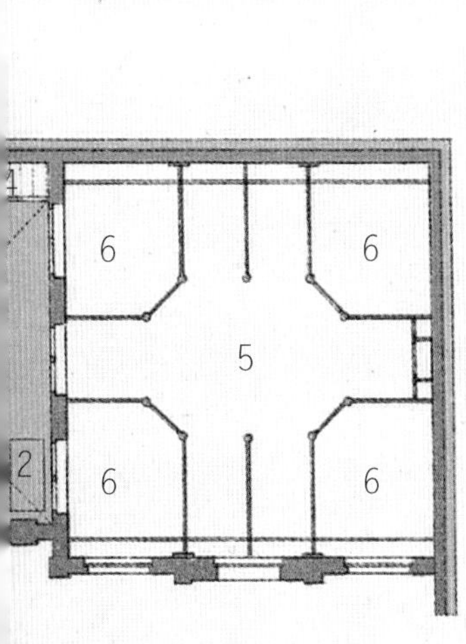

一层平面图

有顶棚庭院的剖面图

立面图

韦伯别墅

位置：法国巴黎厄兰格街

建筑师：保罗·塞迪尔

沿街立面图

花园一侧的立面图

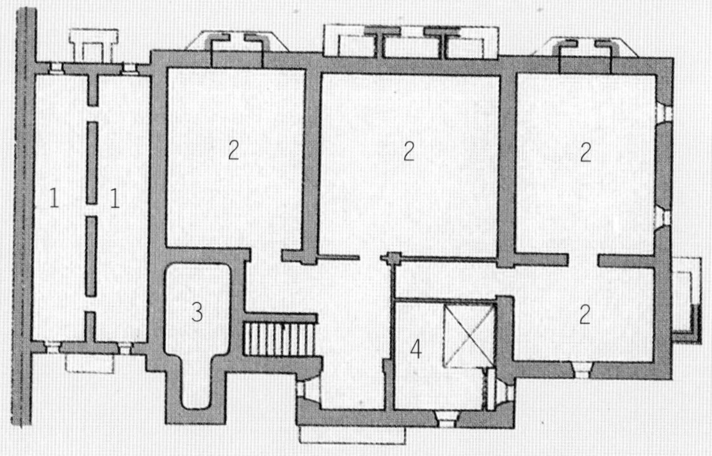

地下一层平面图

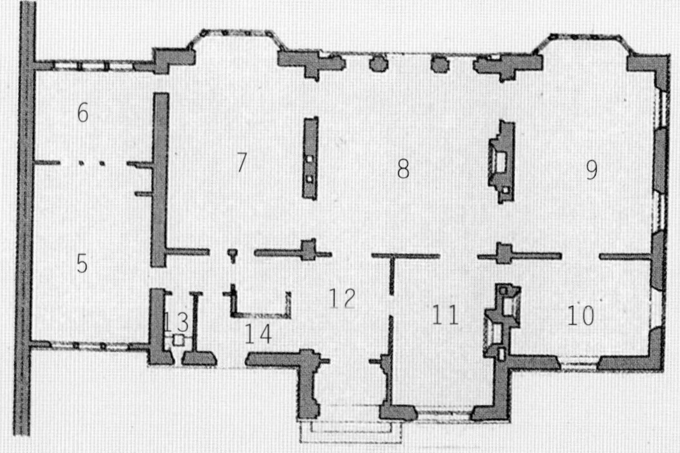

一层平面图

图例

1. 地基
2. 地窖
3. 煤仓
4. 暖气
5. 厨房
6. 办公室
7. 餐厅
8. 沙龙
9. 台球室
10. 会客厅
11. 图书馆
12. 大厅
13. 厕所
14. 地窖楼梯

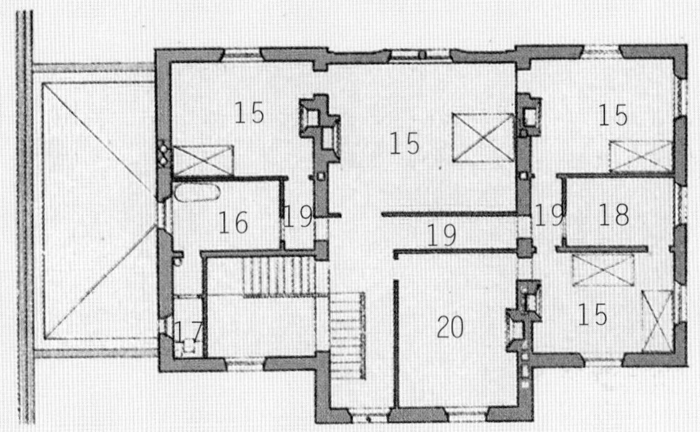

二层平面图

图例

15. 卧房
16. 浴室
17. 厕所
18. 盥洗间
19. 过道
20. 沙龙
21. 衣帽间
22. 阳台

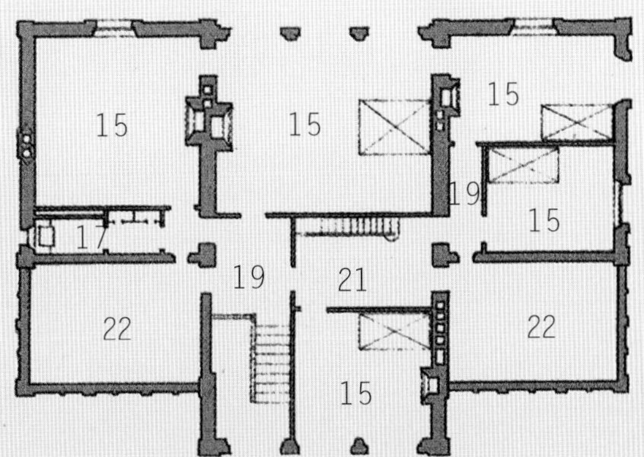

三层平面图

窗洞上的拱

楣的细部

特鲁维尔别墅之二

位置：法国卡尔瓦多斯省特鲁维尔镇

建筑师：德拉鲁

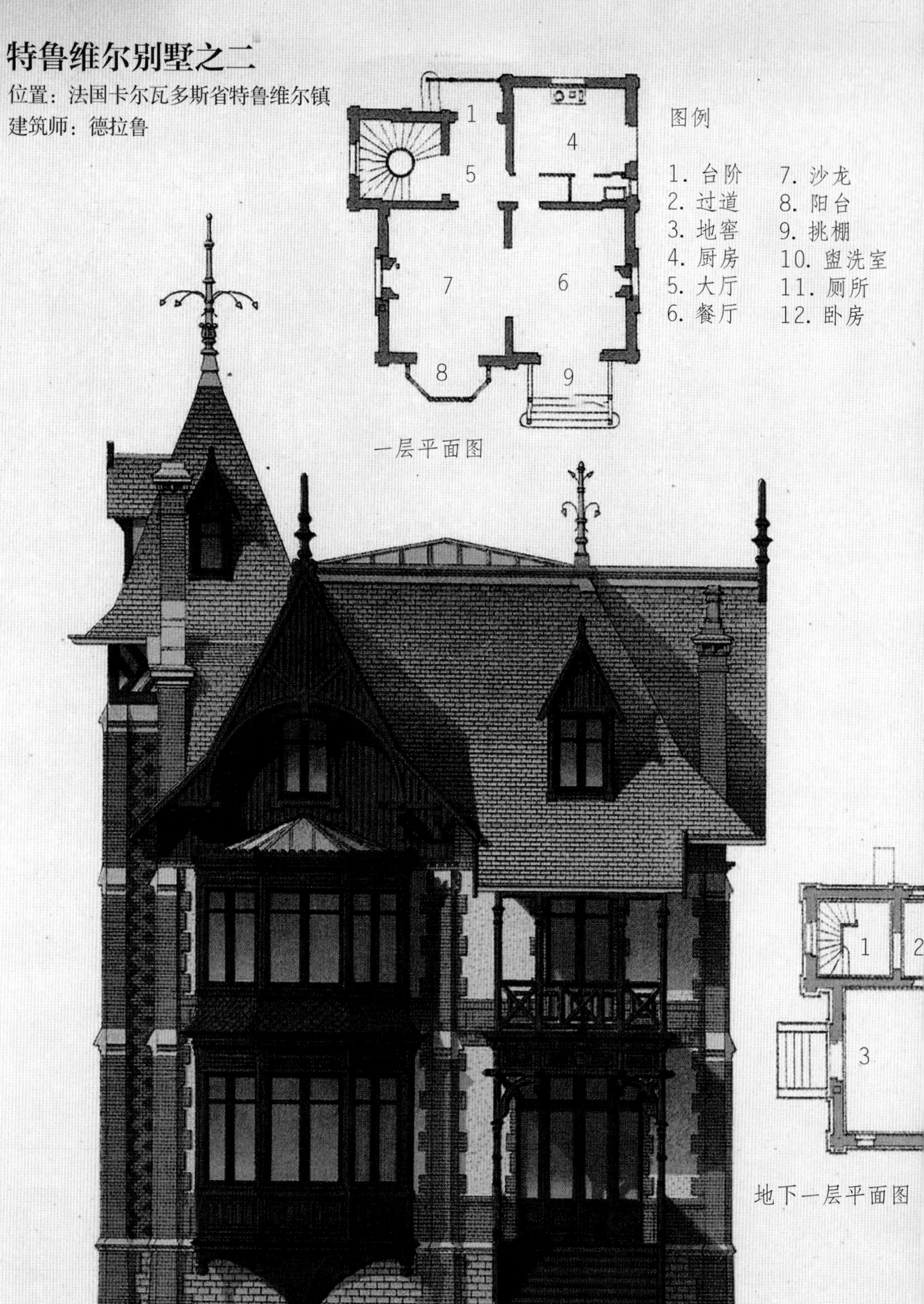

一层平面图

地下一层平面图

海边的立面图

二层平面图

立面图

娄乌特别墅

位置：法国加来海峡省多维尔　　建筑师：E. 赛恩廷

纳伊画家工作室

位置：法国巴黎　　建筑师：西门内特

立面图 1

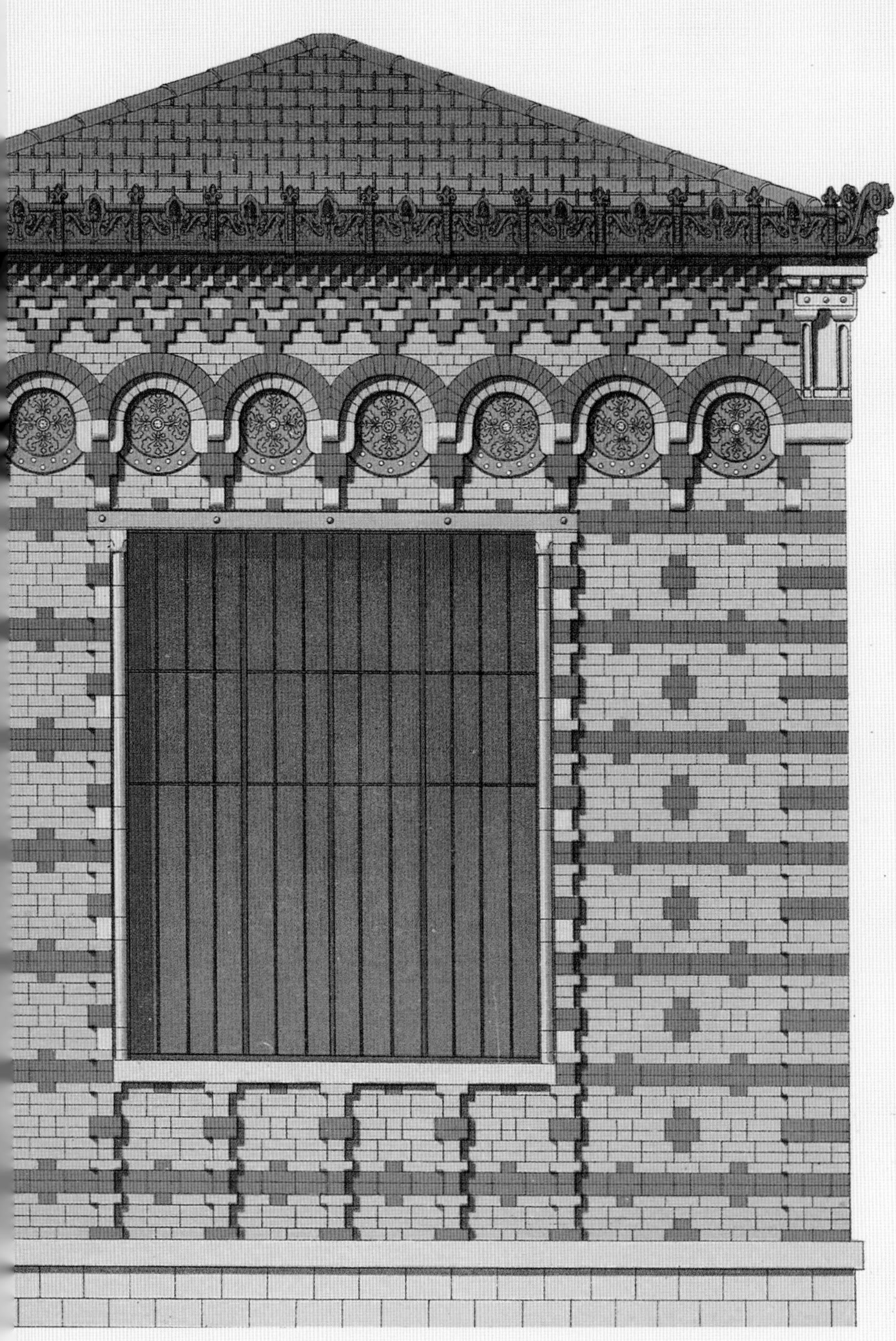

立面图 2

拉·冯桑德耶大街的房子

位置：法国巴黎　　建筑师：塞耶·德吉索尔

花园立面图

图例

1. 大厅
2. 办公室
3. 餐厅
4. 小客厅
5. 大客厅
6. 小院子
7. 浴室
8. 卧房
9. 盥洗间
10. 厕所

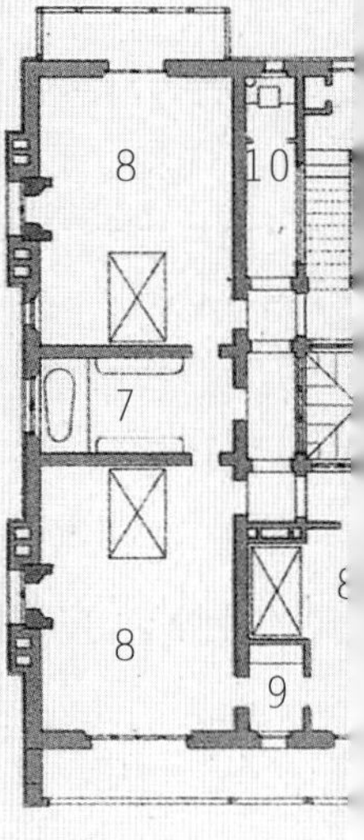

二层平面图

一层平面图

沿街立面图

在多维尔的别墅

建筑师：H. 布兰德和布伦兹

巴黎某服务站房

位置：法国巴黎　　建筑师：坎特格尔

细部大样 1

细部大样 2

布洛涅湾动物园的兔舍

位置：法国巴黎　建筑师：西门内特

立面图

内部的细部

慕尼黑附近的小火车站

位置：德国慕尼黑

立面图

马厩、仓库棚

位置：法国卡尔瓦多斯省滨海维莱尔　　建筑师：尤金·马斯

细部大样 1

细部大样 2

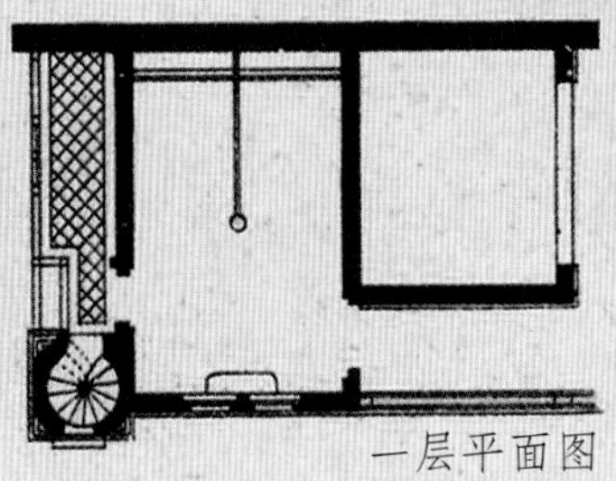

一层平面图

A 立面图

细部大样 3

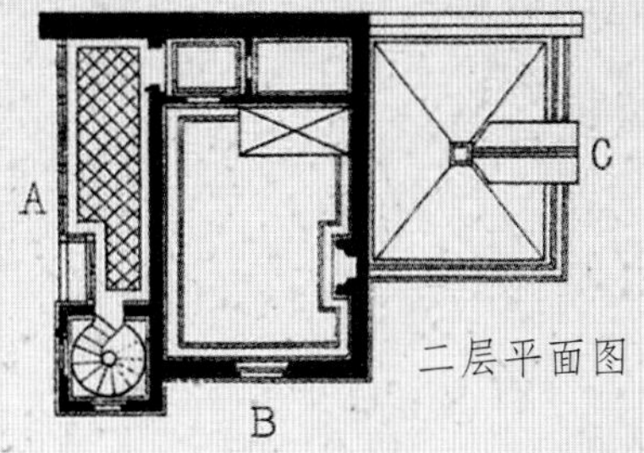

二层平面图

B 立面图

C 立面图

朗布依埃的教堂

位置：法国巴黎朗布依埃

建筑师：A. 德布都特

立面图 1

立面图 2

鸡、鸽、兔之屋

位置：法国巴黎巴涅地区

建筑师：皮埃尔·查贝特

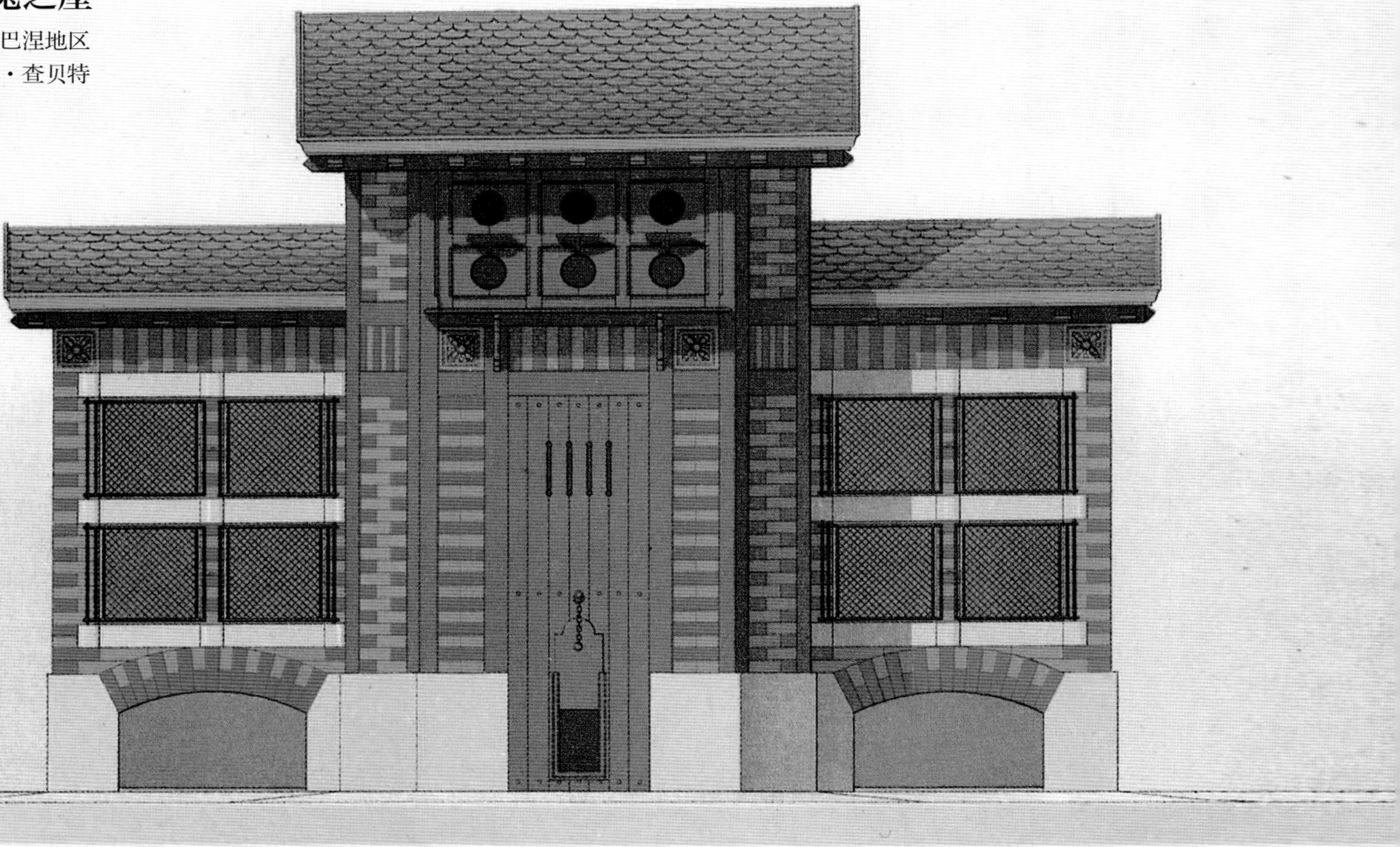

正立面图

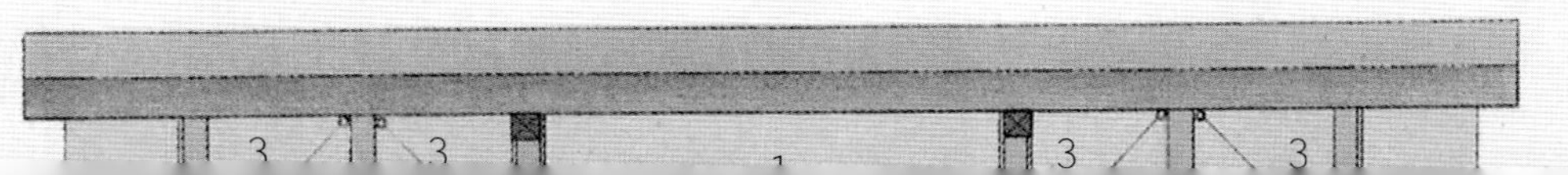

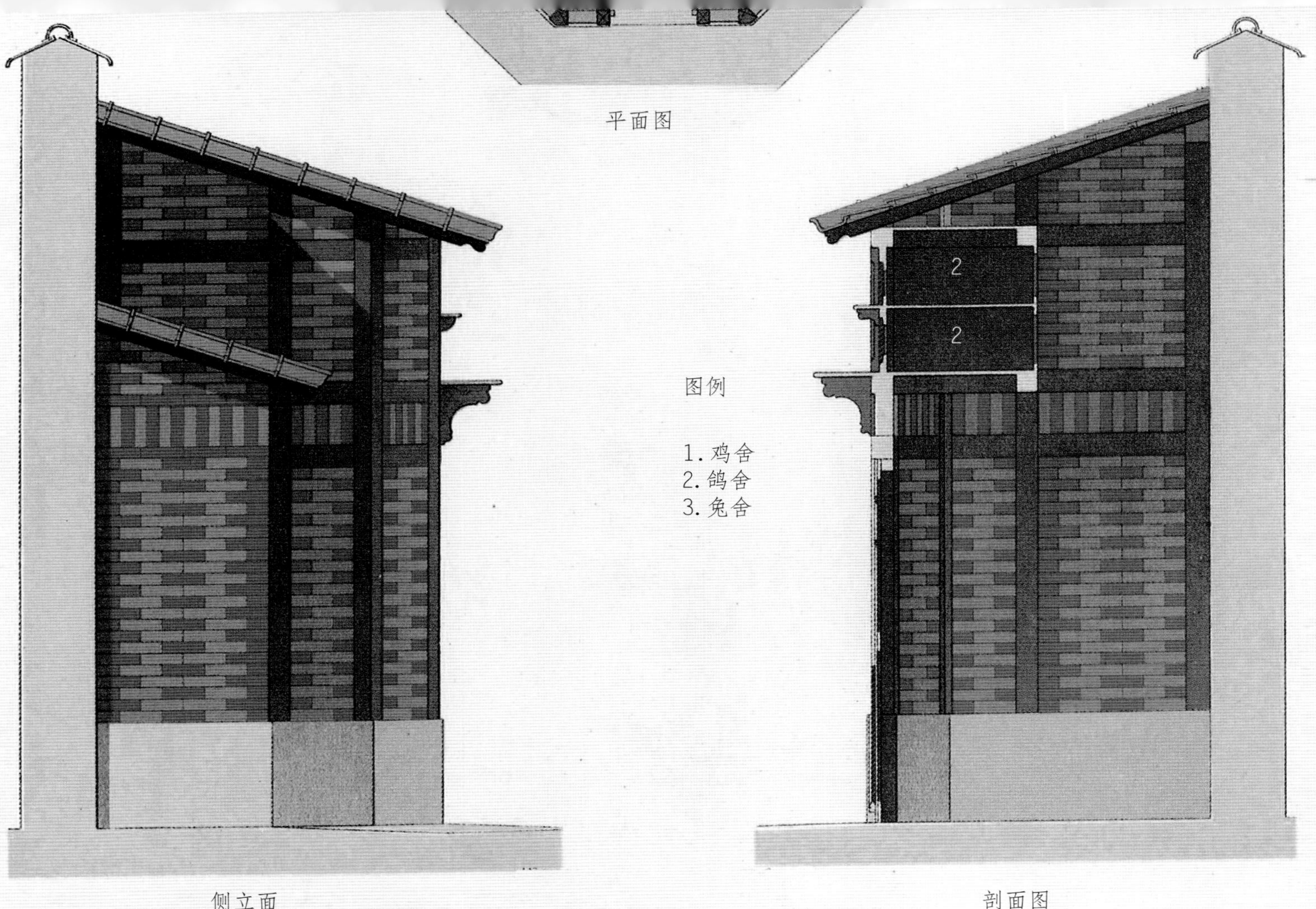

平面图

图例

1. 鸡舍
2. 鸽舍
3. 兔舍

侧立面

剖面图

吕扎尔舍的别墅

位置：法国瓦兹河谷省吕扎尔舍　建筑师：冲奴库娃

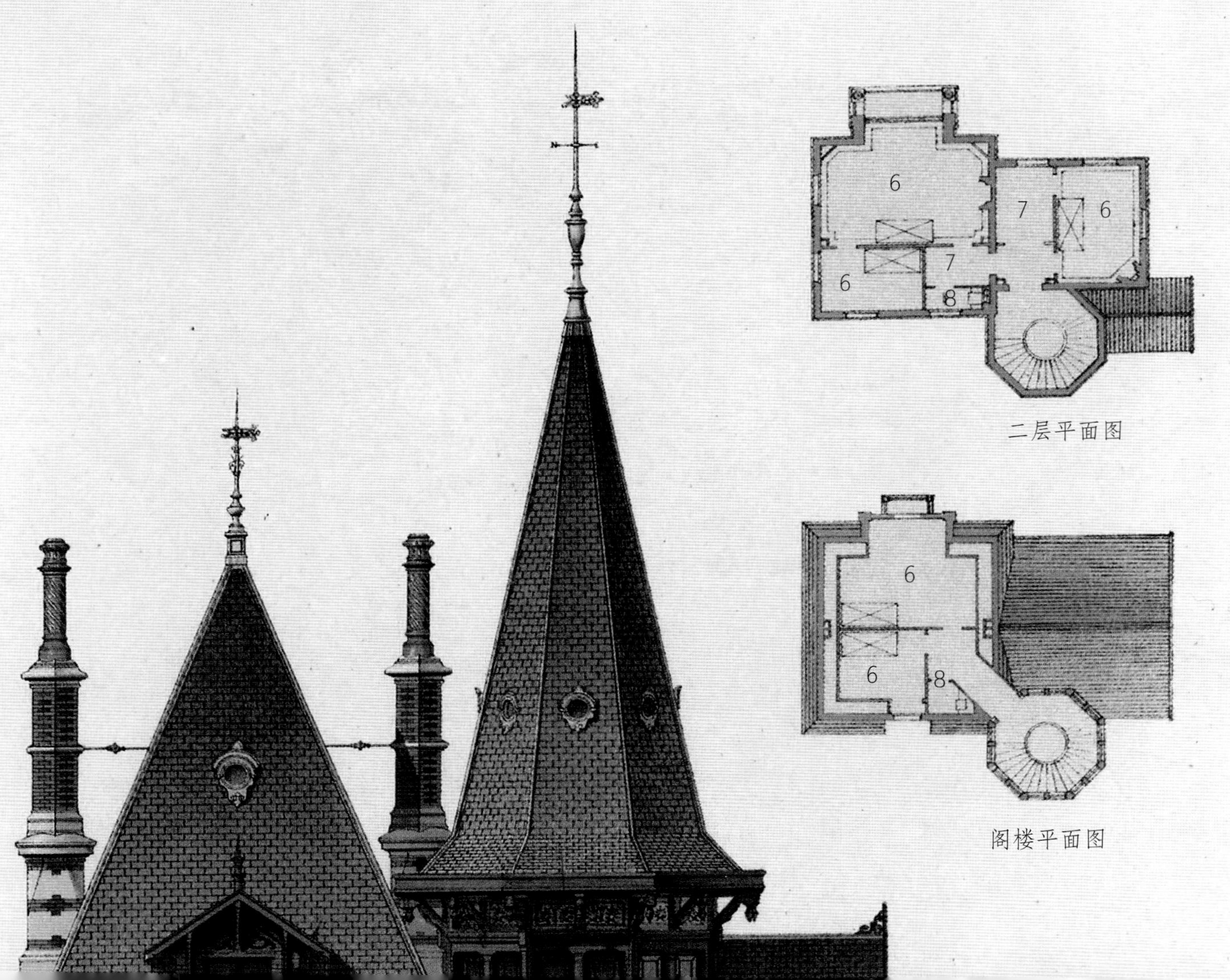
6
7
6
7
6
8
二层平面图
6
6
8
阁楼平面图

图例

1. 过厅
2. 客厅
3. 餐厅
4. 厨房
5. 办公室
6. 卧室
7. 盥洗室
8. 厕所
9. 浴室
10. 地窖

背立面图

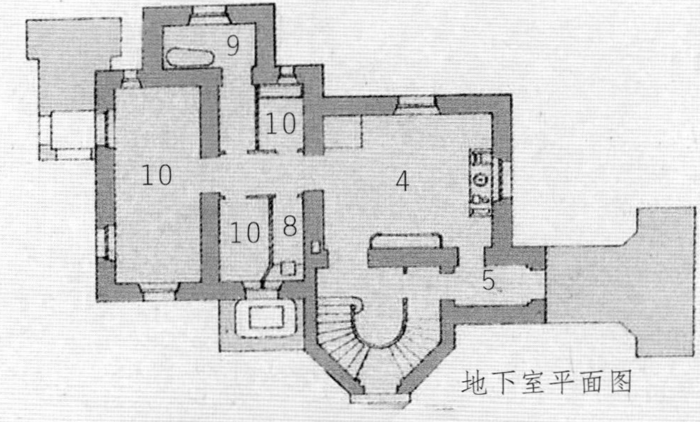

地下室平面图

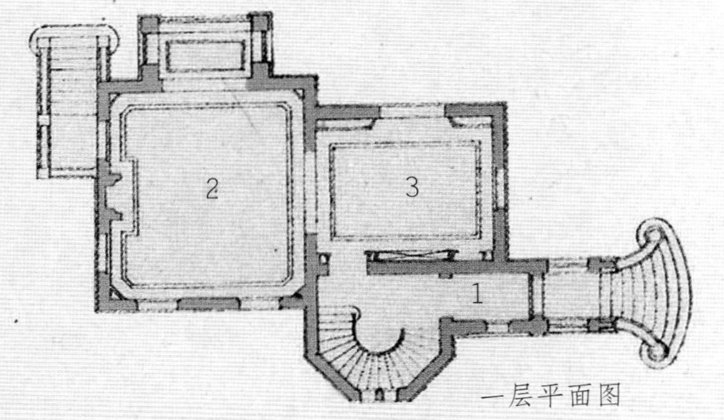

一层平面图

勒韦西内的别墅

位置：法国伊夫林省勒韦西内　建筑师：希莱特

正立面图

图例

1. 过厅
2. 餐厅
3. 厨房
4. 会客厅

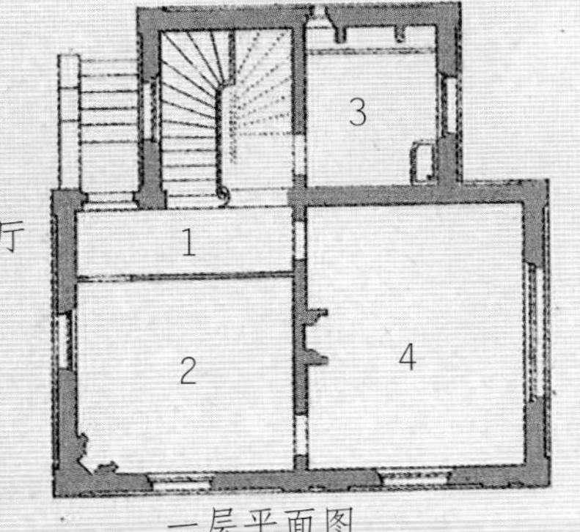

一层平面图

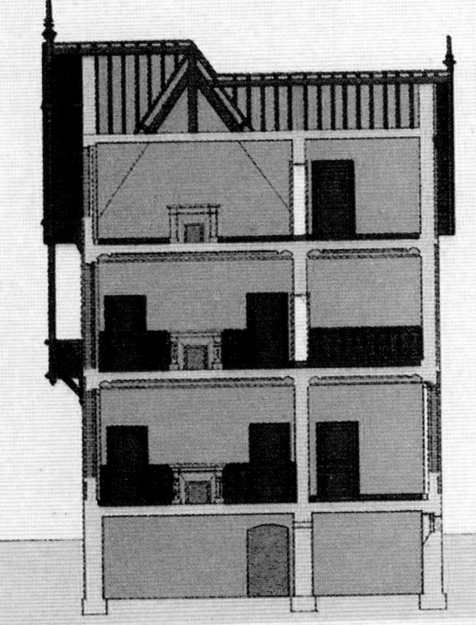

剖面图

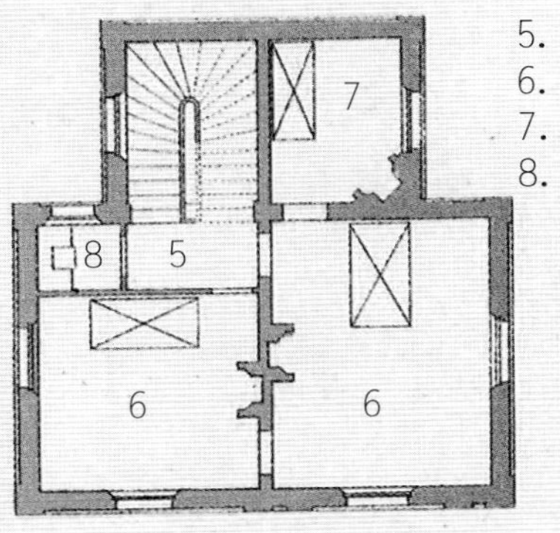
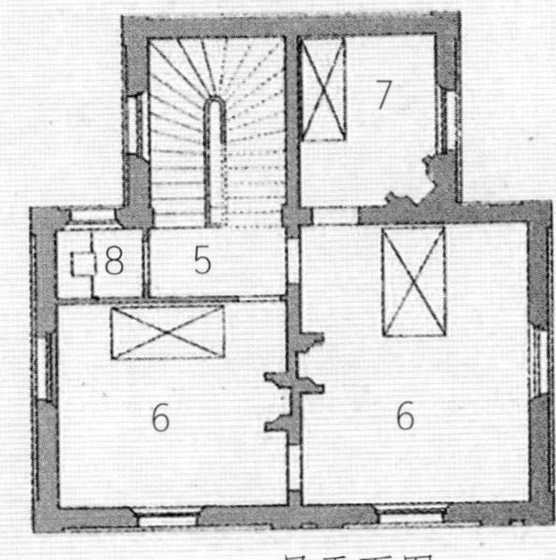

二层平面图

5. 过道
6. 卧室
7. 儿童房
8. 卫生间

主教在博韦的住宅

位置：法国博韦

建筑师：E. 沃德默

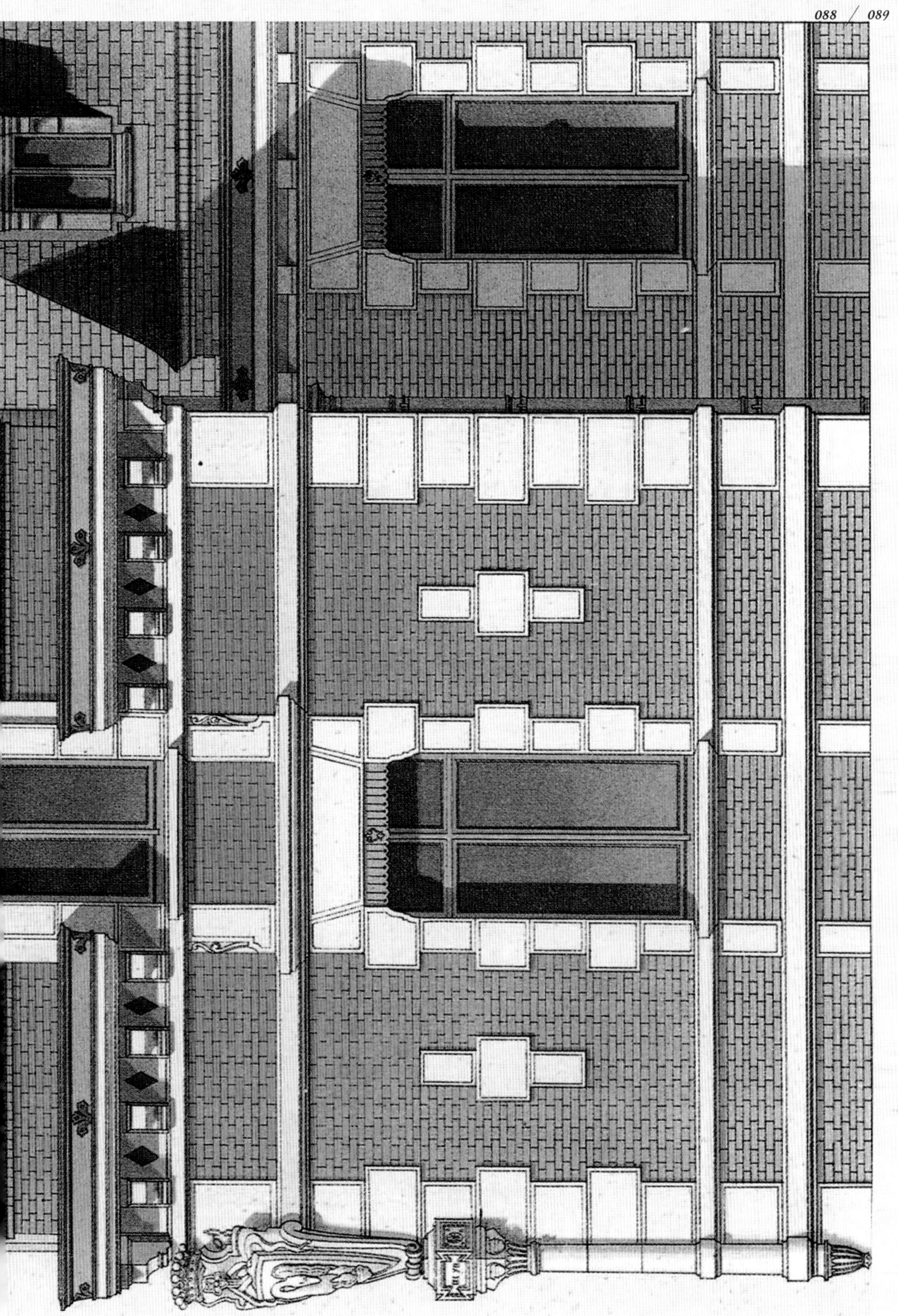

维莱维尼恩别墅

位置：法国卡尔瓦多斯省滨海维莱尔　　建筑师：A. 玛斯格恩

A 立面图

B 立面图

D

一层平面图

横剖面图

二层平面图

D 立面图

C 立面图

敦刻尔克幼儿园

位置：法国加来海峡省敦刻尔克　建筑师：勒科克和德勒洛伊

细部

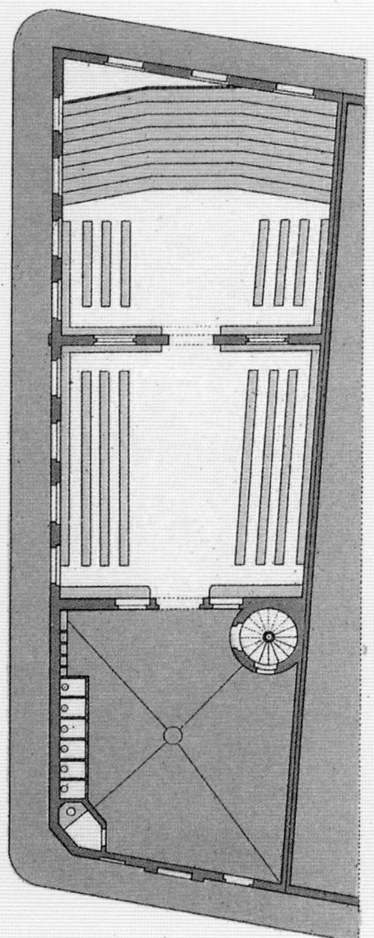

平面图

细部

巴纽园丁住宅

位置：法国巴黎

建筑师：皮埃尔·查贝特

立面图

剖面图

一层平面图

细部大样

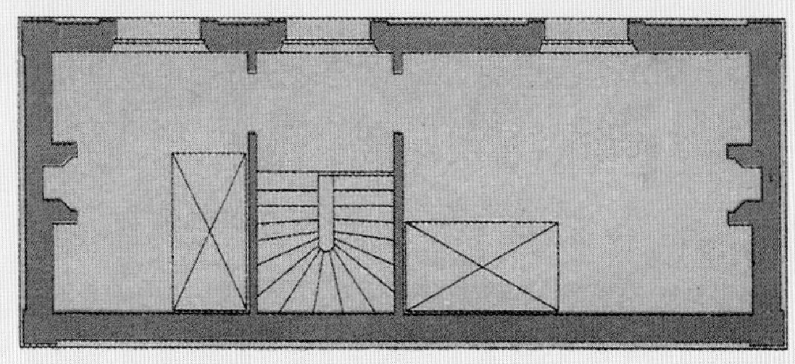

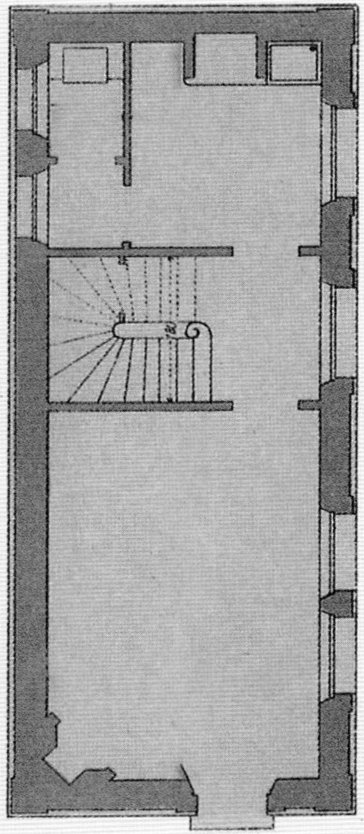

二层平面图

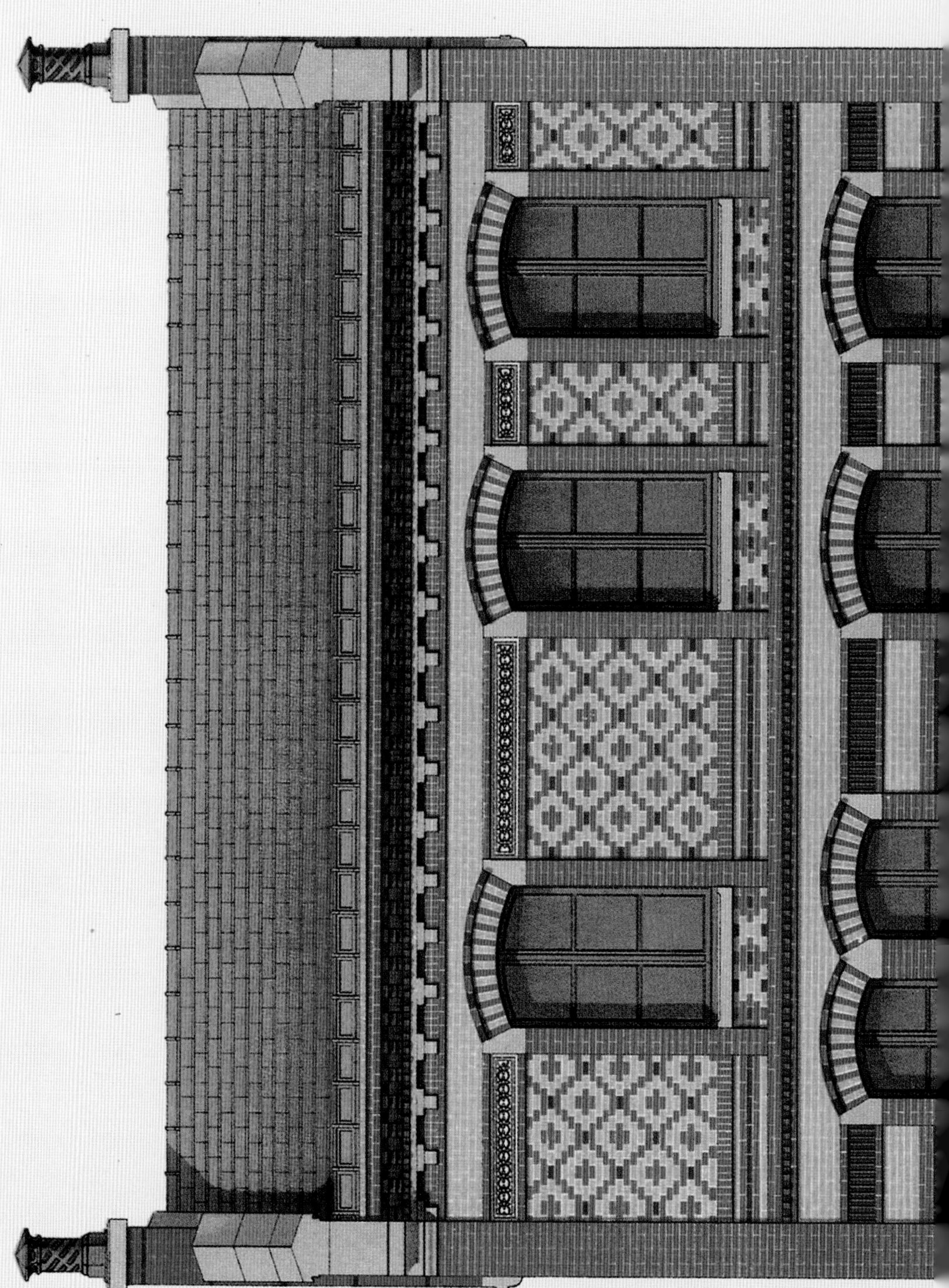

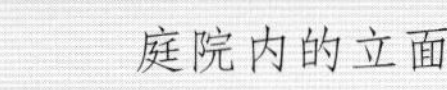

庭院内的立面图

檐口的细部

窗户细部

立面图细节

剖面图细节

侧向透视

蒙卡普利斯别墅

位置：法国卡尔瓦多斯省滨海维莱尔

建筑师：乌基恩·玛斯　装饰设计师：A. 达尔文

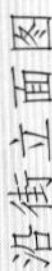

沿街立面图

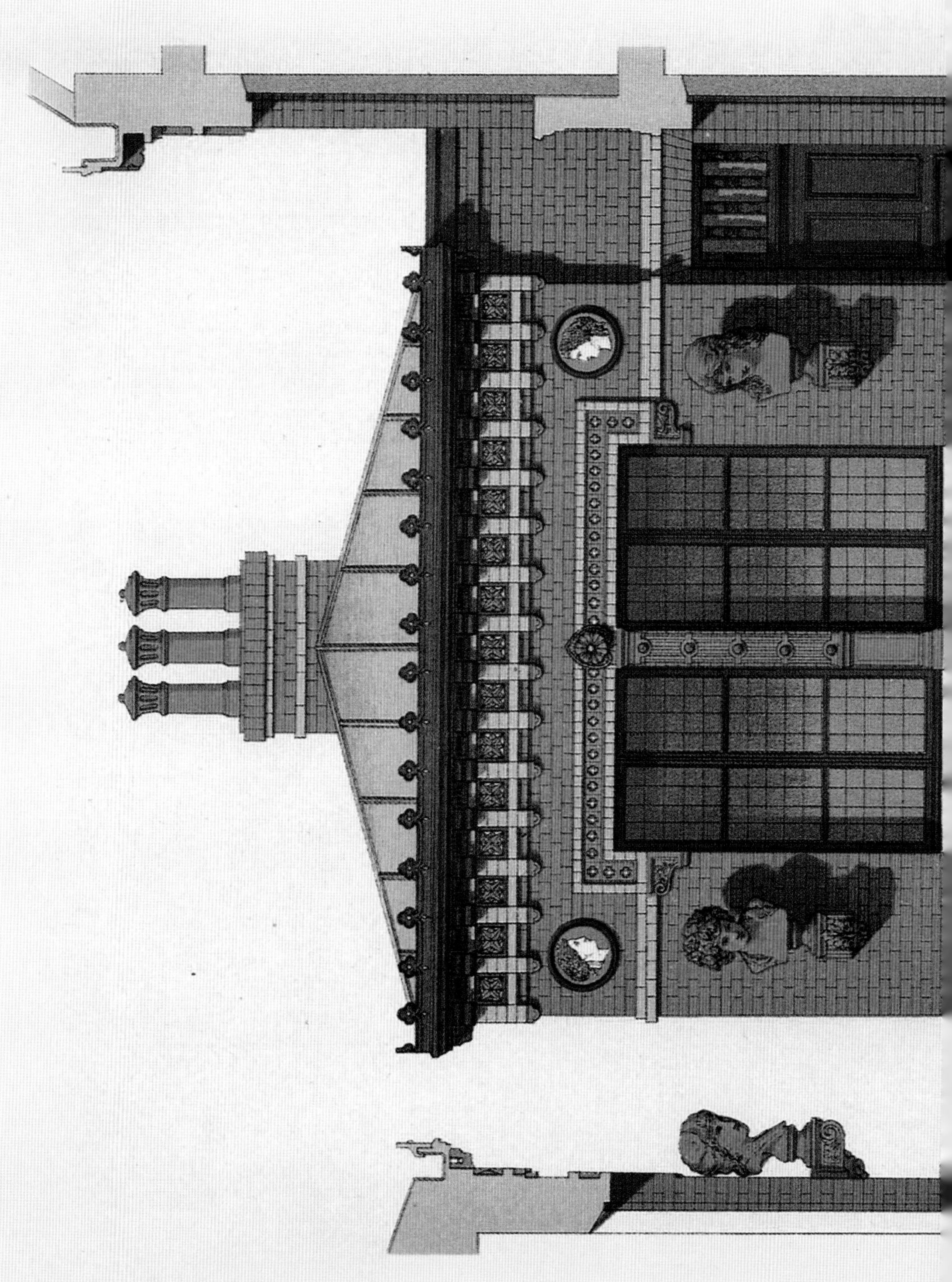

花园立面图
图例
1. 厨房
2. 地窖
3. 办公室
4. 客房
5. 工作室
地下室平面图
二层平面图
6. 大厅
7. 厨房
8. 客厅
9. 餐厅
一层平面图

弗里恩特街的住宅

位置：法国巴黎　建筑师：A. 锡顿

横剖面图

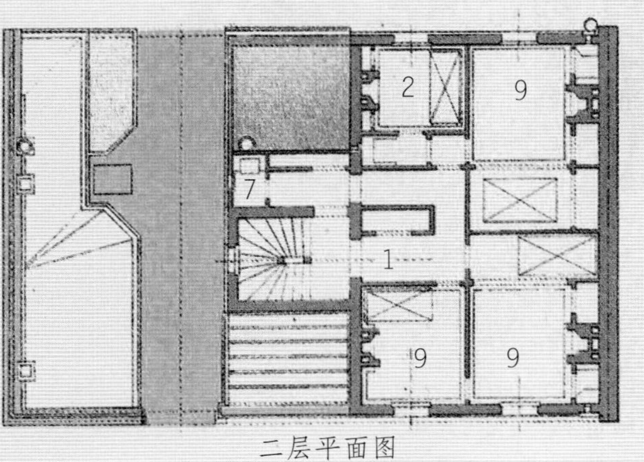

二层平面图

图例

1. 过厅
2. 餐厅
3. 工作客厅
4. 小客厅
5. 厨房
6. 办公室
7. 卫生间
8. 洗衣房
9. 客房

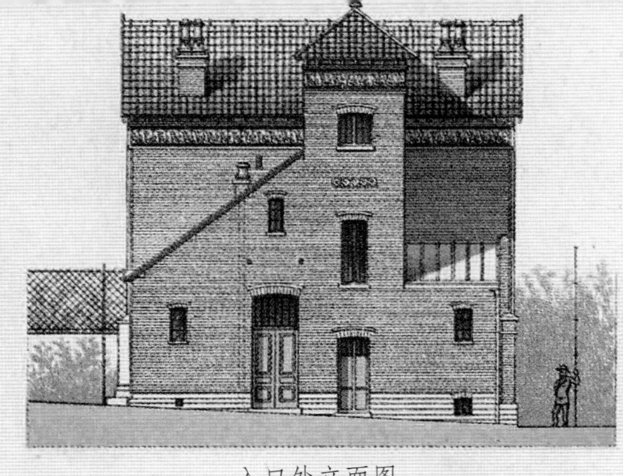

入口处立面图

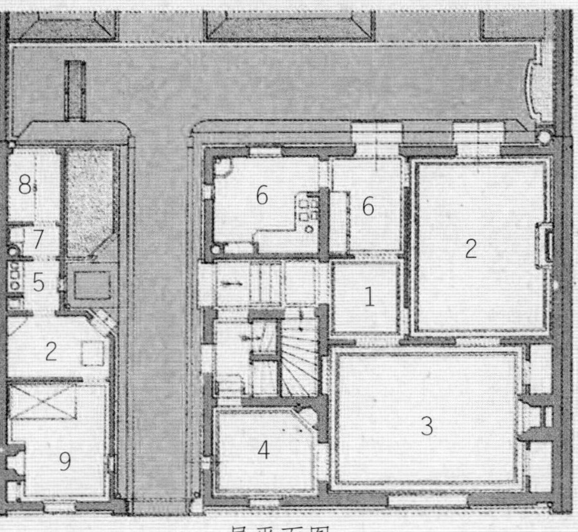

一层平面图

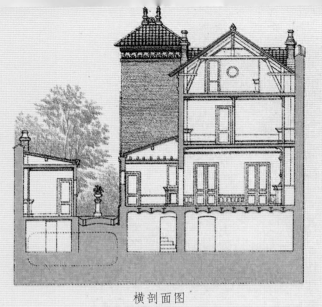

蓬图瓦兹的房子

位置：法国瓦勒德瓦兹省蓬图瓦兹　建筑师：皮埃尔·查贝特

沿街立面图

细节图二

细节图一

玛格丽特别墅

位置：法国卡尔瓦多斯省乌尔加特（多维勒附近）
建筑师：E. M. 阿伯汀

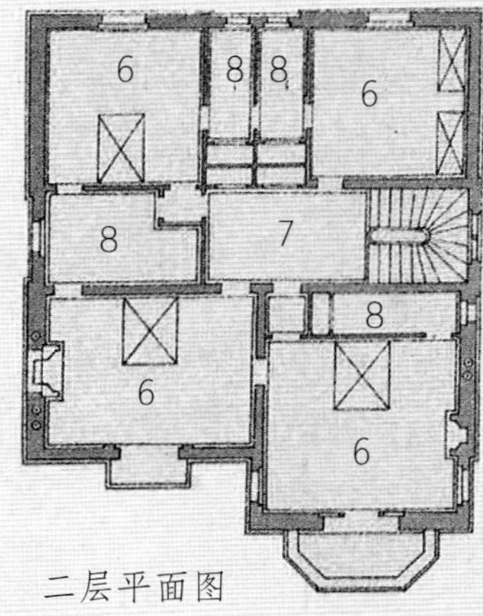

二层平面图

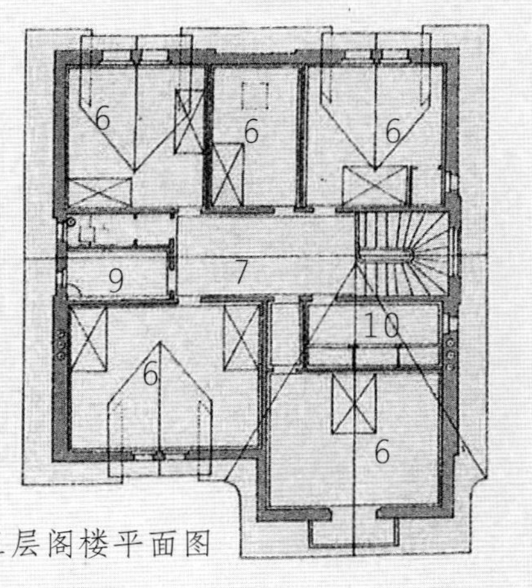

三层阁楼平面图

图例

1. 大厅
2. 餐厅
3. 客厅
4. 办公室
5. 工作间
6. 卧室
7. 过室
8. 盥洗室
9. 布草间[1]
10. 衣帽间
11. 马厩
12. 畜舍
13. 烟洞
14. 服务间

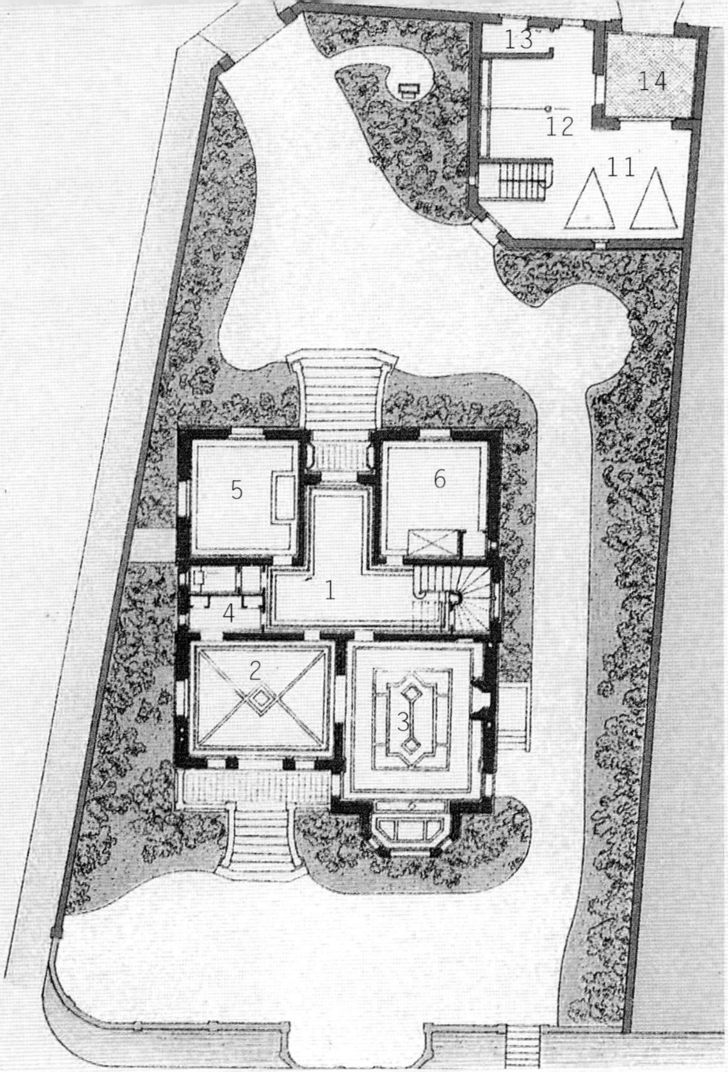

一层总平面图

注[1]：为专门存放脏衣服的场所，译为布草间。

立面图（海边）

阿蒂利亚别墅

位置：法国卡尔瓦多斯省滨海维莱尔

建筑师：乌基恩·玛斯

侧立面图

剖面图

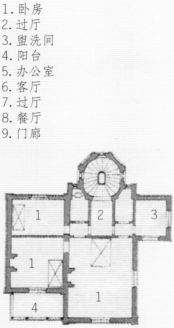

正立面图

图例

1. 卧房
2. 过厅
3. 盥洗间
4. 阳台
5. 办公室
6. 客厅
7. 过厅
8. 餐厅
9. 门廊

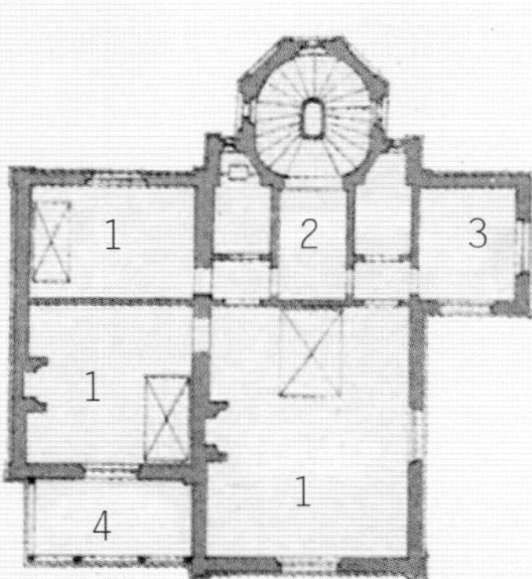

二层平面图

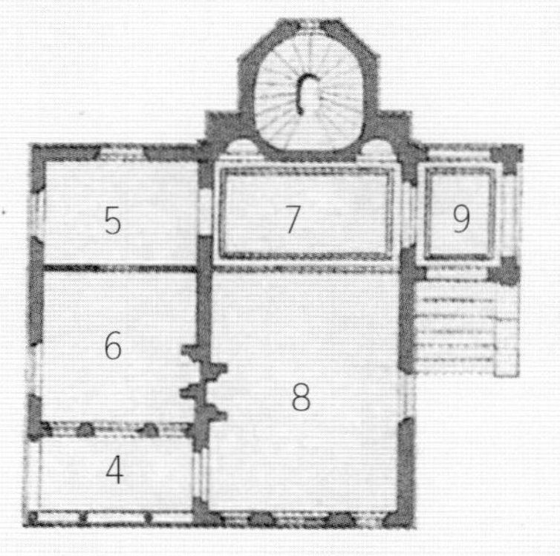

一层平面图

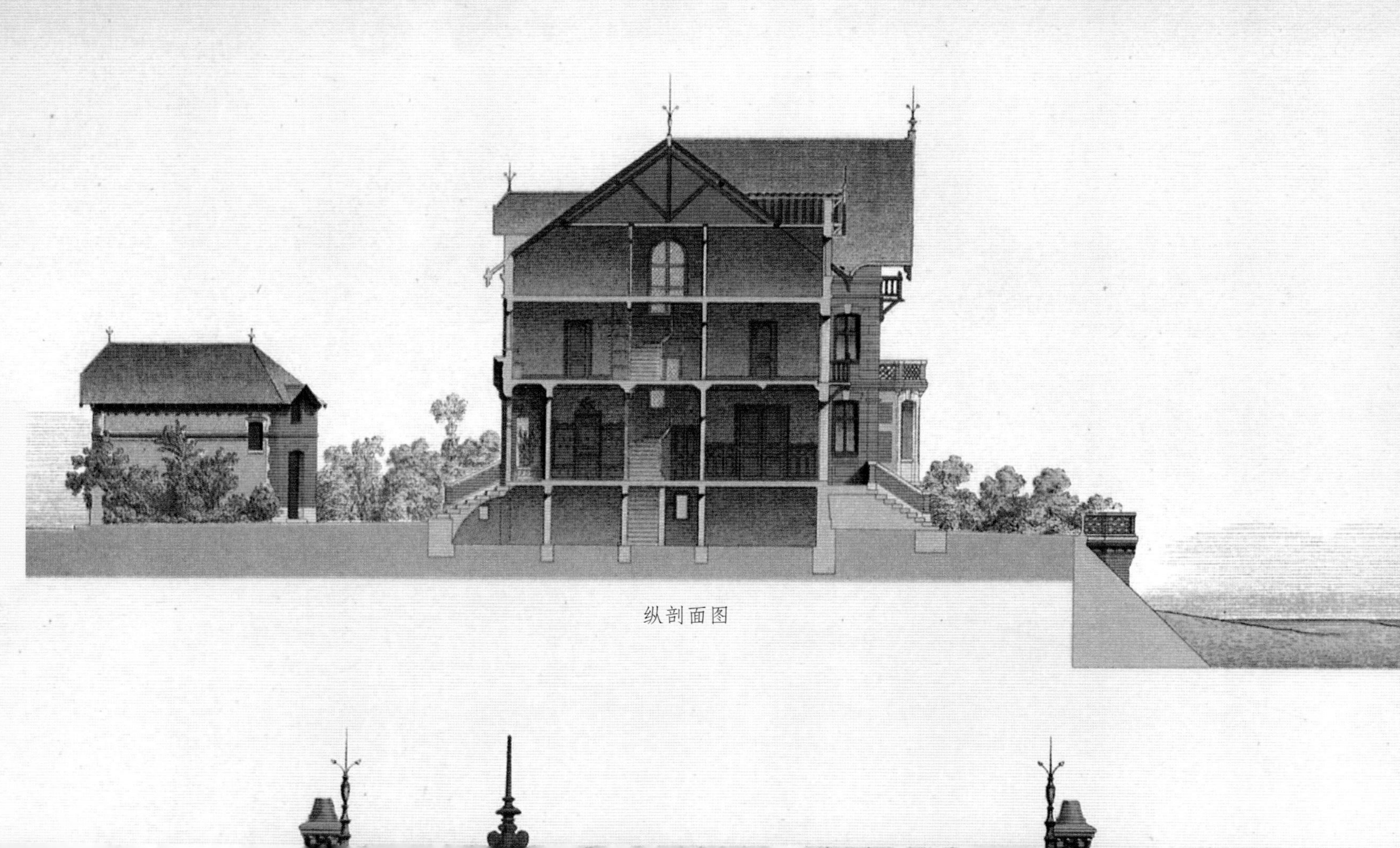

纵剖面图

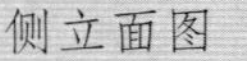

侧立面图

贝西餐馆

位置：法国巴黎　建筑师：洛柔

露台上的剖透视

连排别墅的马厩

位置：法国巴黎伯基尔大道　建筑师：皮埃尔·查贝特

立面图

平面图

侧面图

剖面图

维尤斯某住宅

位置：法国迪耶普

建筑师：保罗·德查德

一层平面图
二层平面图

克罗斯街商人的马厩

位置：法国巴黎克罗斯街　建筑师：L. 勒孛·洛尔

立面图

图例

1. 马厩
2. 畜舍
3. 马具存放室
4. 锻造间
5. 拳击间
6. 医务室

8. 水槽
9. 水池
10. 寄存处
12. 肥料存放
13. 厕所
14. 喷泉

细部

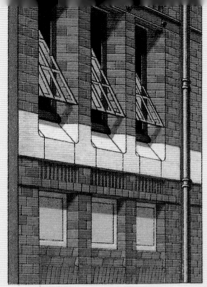

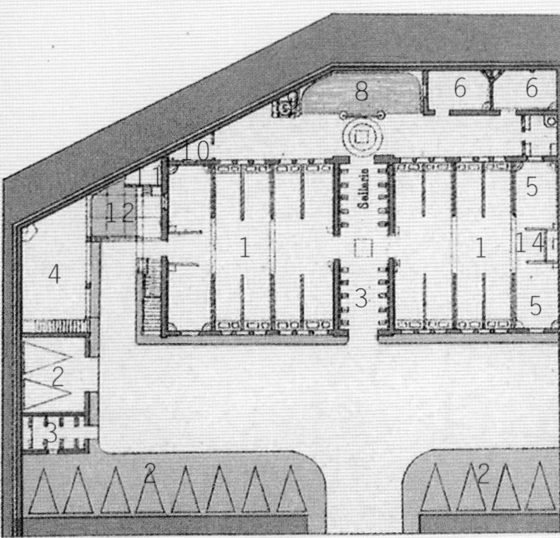

一层总平面图

细部

马厩的剖面图

马具存放室剖面图

波洛德住宅

位置：法国卡尔瓦多斯省乌尔加特　建筑师：巴米尔

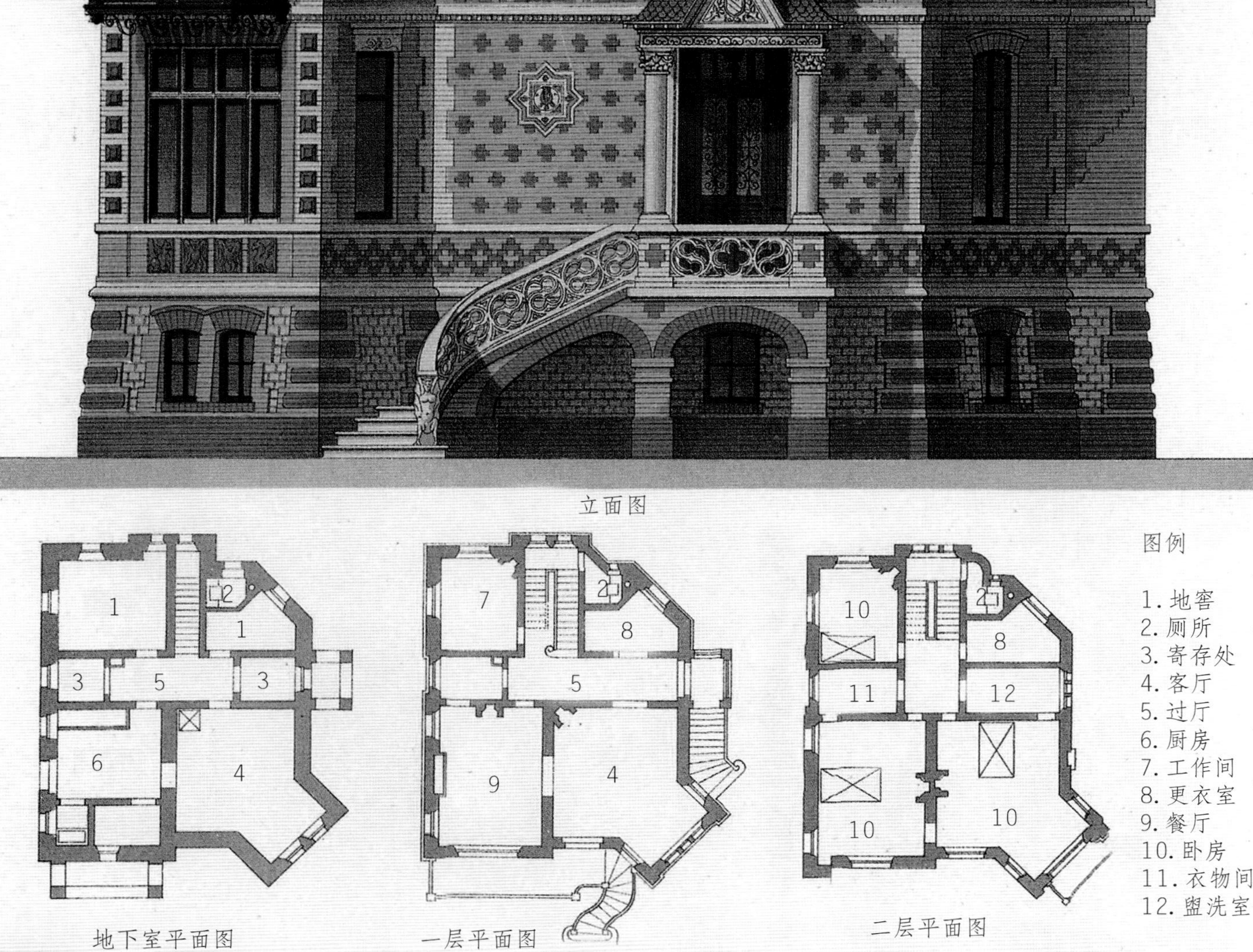

立面图

地下室平面图

一层平面图

二层平面图

图例

1. 地窖
2. 厕所
3. 寄存处
4. 客厅
5. 过厅
6. 厨房
7. 工作间
8. 更衣室
9. 餐厅
10. 卧房
11. 衣物间
12. 盥洗室

维勒蒙布勒某别墅

位置：法国巴黎维勒蒙布勒

建筑师：T. 阿玛列维奇

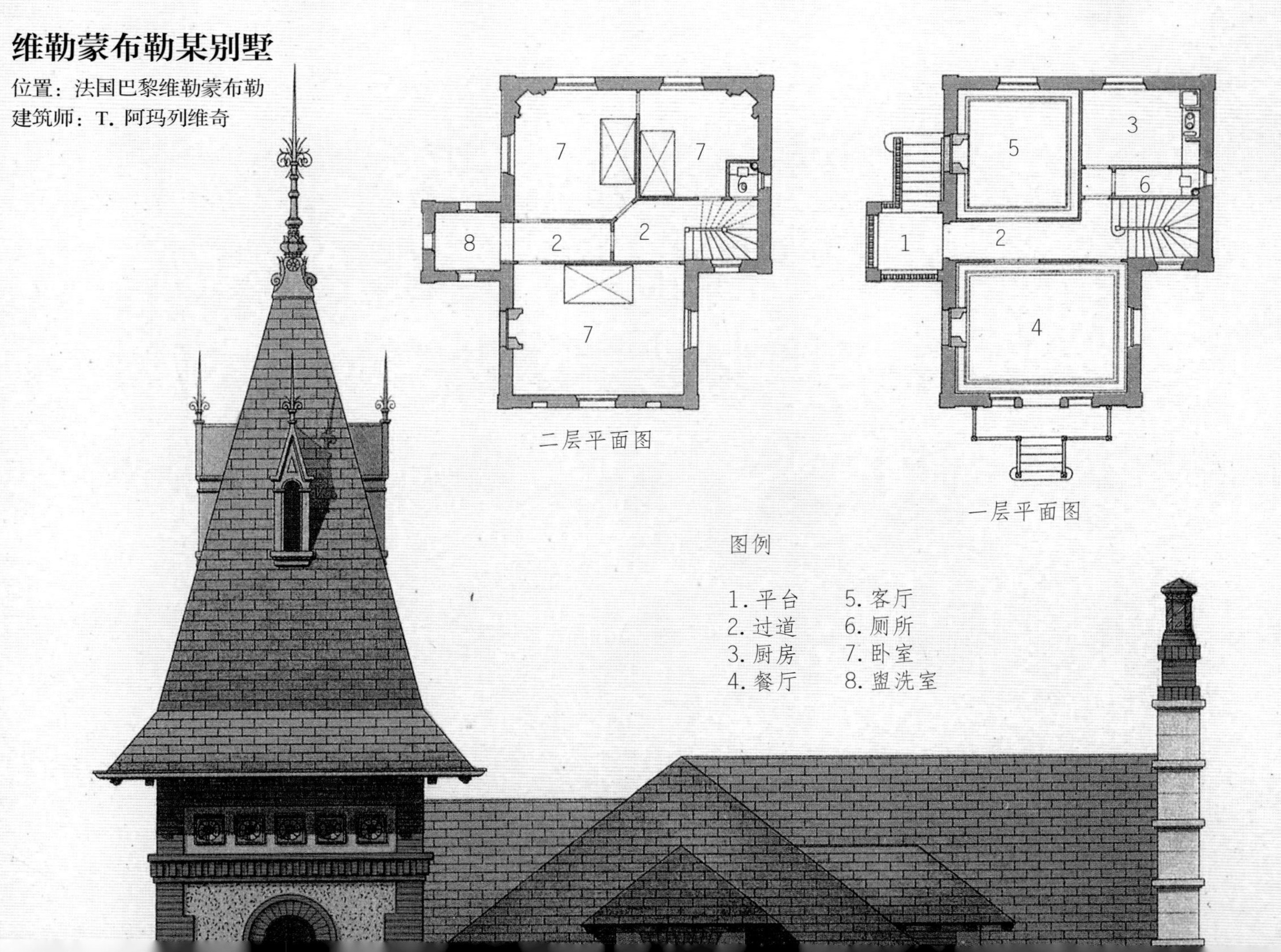

二层平面图

一层平面图

图例

1. 平台
2. 过道
3. 厨房
4. 餐厅
5. 客厅
6. 厕所
7. 卧室
8. 盥洗室

正立面图

丛林镇的别墅

位置：法国安德尔省丰特奈丛林镇　建筑师：E. 简达－拉米尔

正立面图

背立面图

侧立面图

图例

1. 厨房
2. 厕所
3. 办公室
4. 餐厅
5. 客厅
6. 工作间

7. 卧房
9. 过道
8. 盥洗室
10. 衣物间

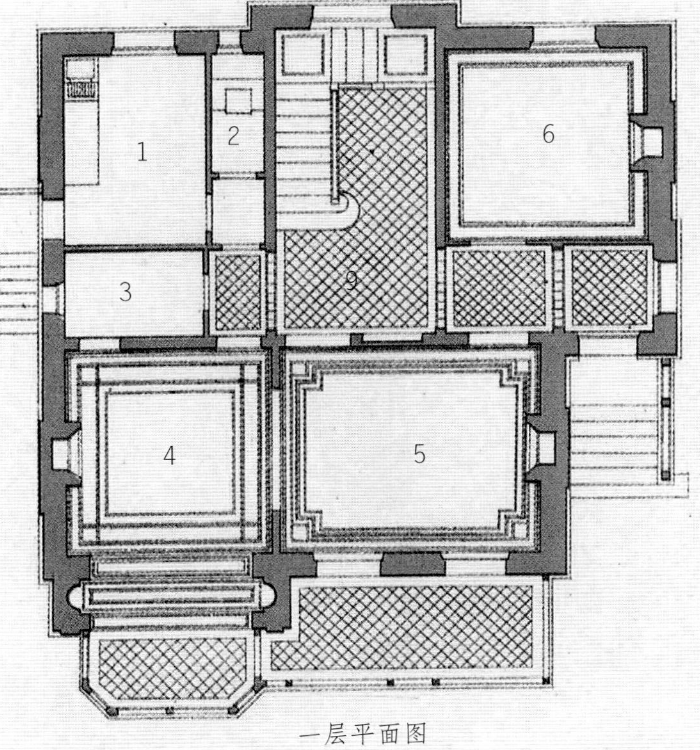

一层平面图

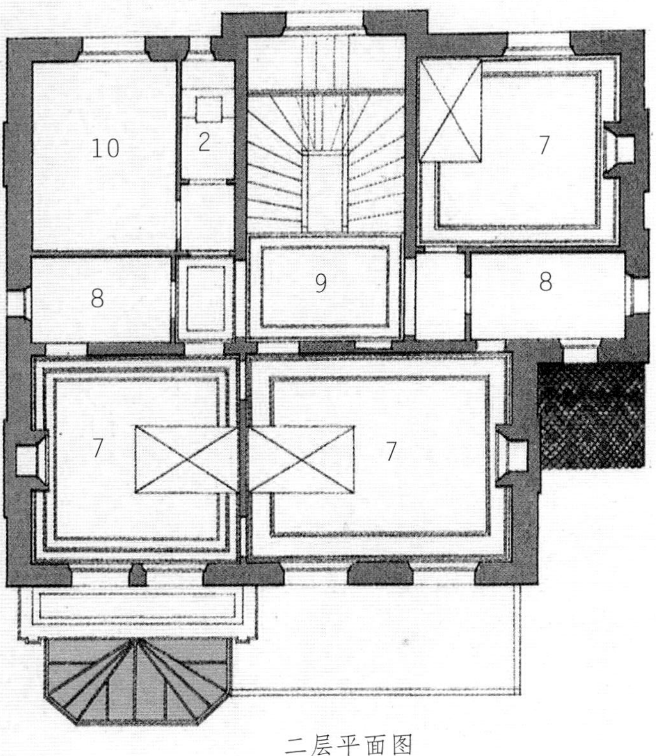

二层平面图

纳伊镇住宅

位置：法国巴黎纳伊镇

建筑师：保罗·瑟迪

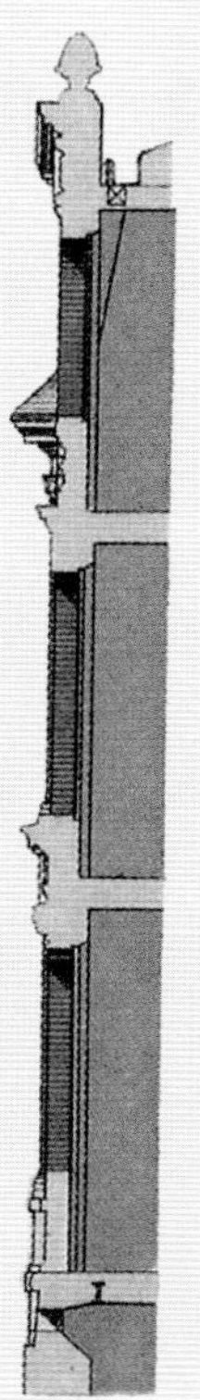

侧立面图

一层平面图

二层平面图

图例

1. 办公室
2. 厨房
3. 餐厅
4. 大客厅
5. 台球室
6. 过道
7. 小客厅
8. 过厅
9. 卧室
10. 盥洗室
11. 厕所
12. 杂物间杂
13. 衣物间

正立面图

特鲁维尔别墅之三

位置：法国卡尔瓦多斯省特鲁维尔镇

建筑师：乔里

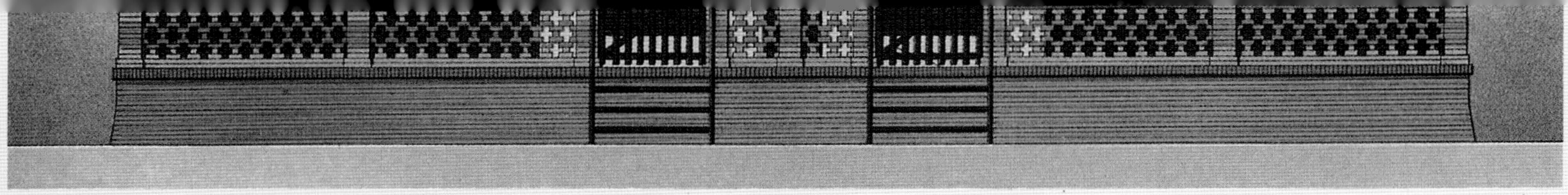

正立面图

图例

1. 卧室
2. 客厅
3. 厕所
4. 天井
5. 办公室
6. 餐厅
7. 客厅

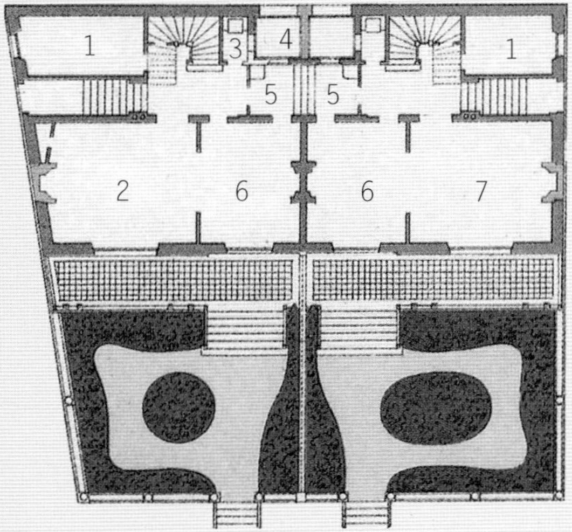

平面图

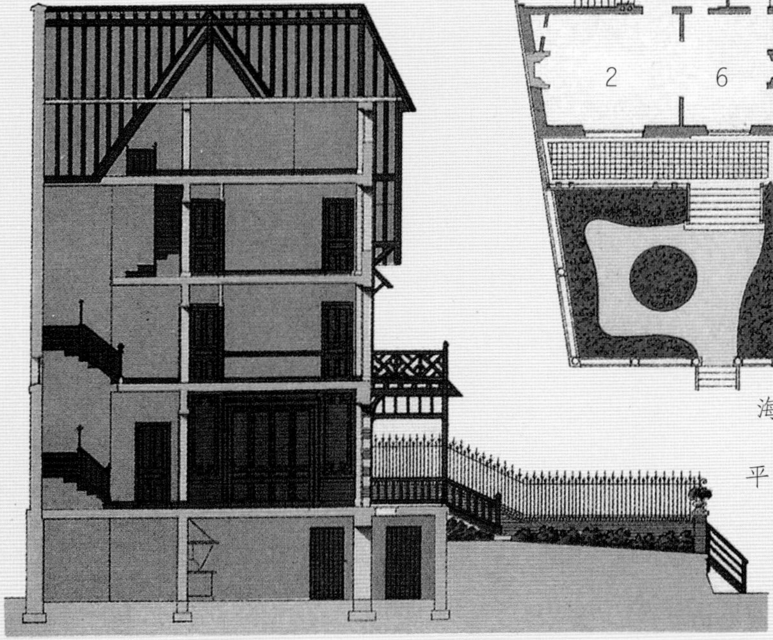

剖面图

侧立面图

卡维尔别墅（方案）

建筑师：罗伯特·德·马西

1
2
3
3
图例
1. 餐厅
2. 过厅
3. 杂物间

国立技术学校守卫值班室、医务室、体育馆、楼梯间

位置：法国阿尔芝蒂耶尔（北部）

建筑师：查尔斯·奇普兹

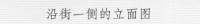

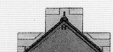

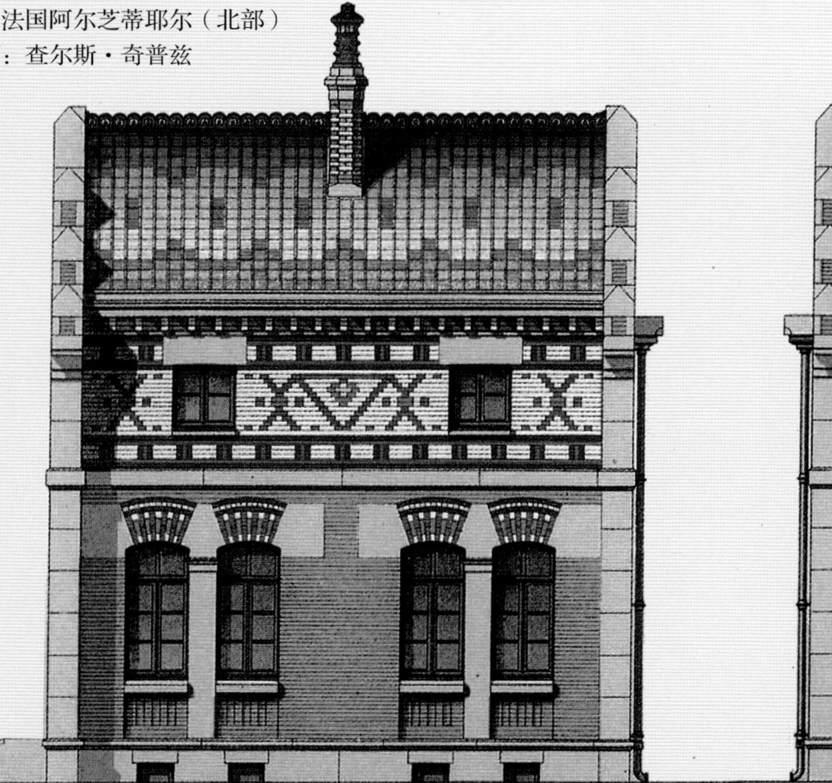

庭院一侧的立面图

沿街一侧的立面图

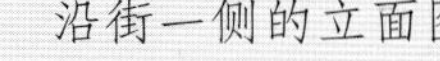

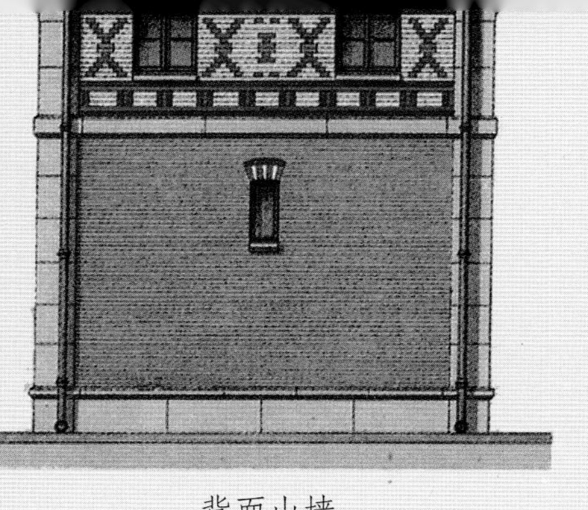

背面山墙

横剖面图

沿街面山墙

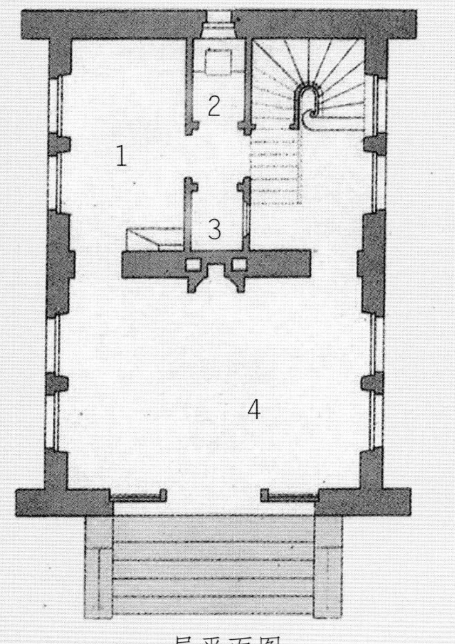

一层平面图

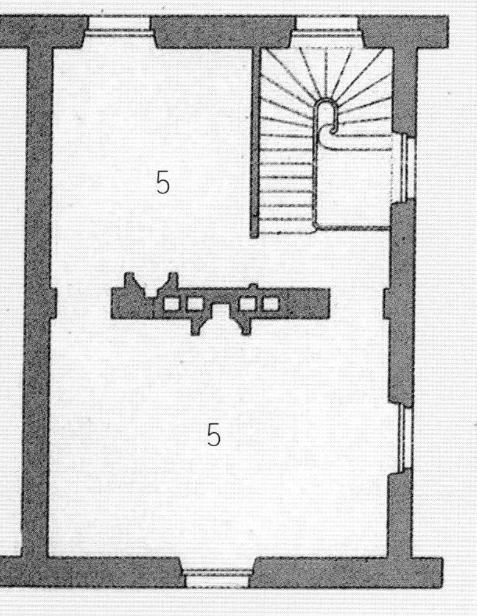

二层平面图

图例

1. 厨房
2. 厕所
3. 储物
4. 外廊
5. 卧房
6. 煤仓
7. 地窖

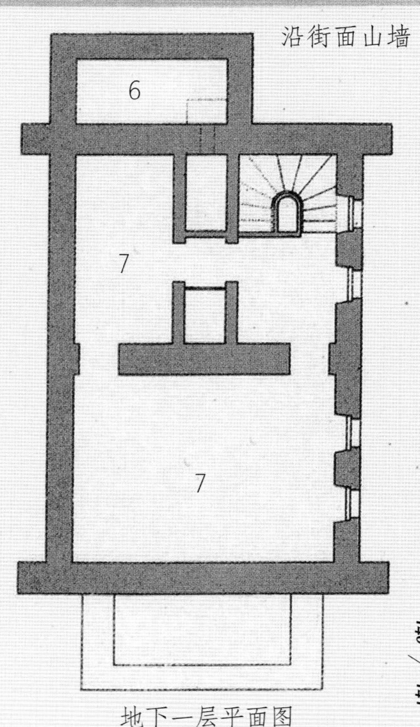

地下一层平面图

医务室立面图

图例

1. 过厅
2. 服务房
3. 公共休息室

8. 浴室
9. 隔离室
10. 过道

医务室平面图

体育馆平面图

体育馆立面图

R·F.

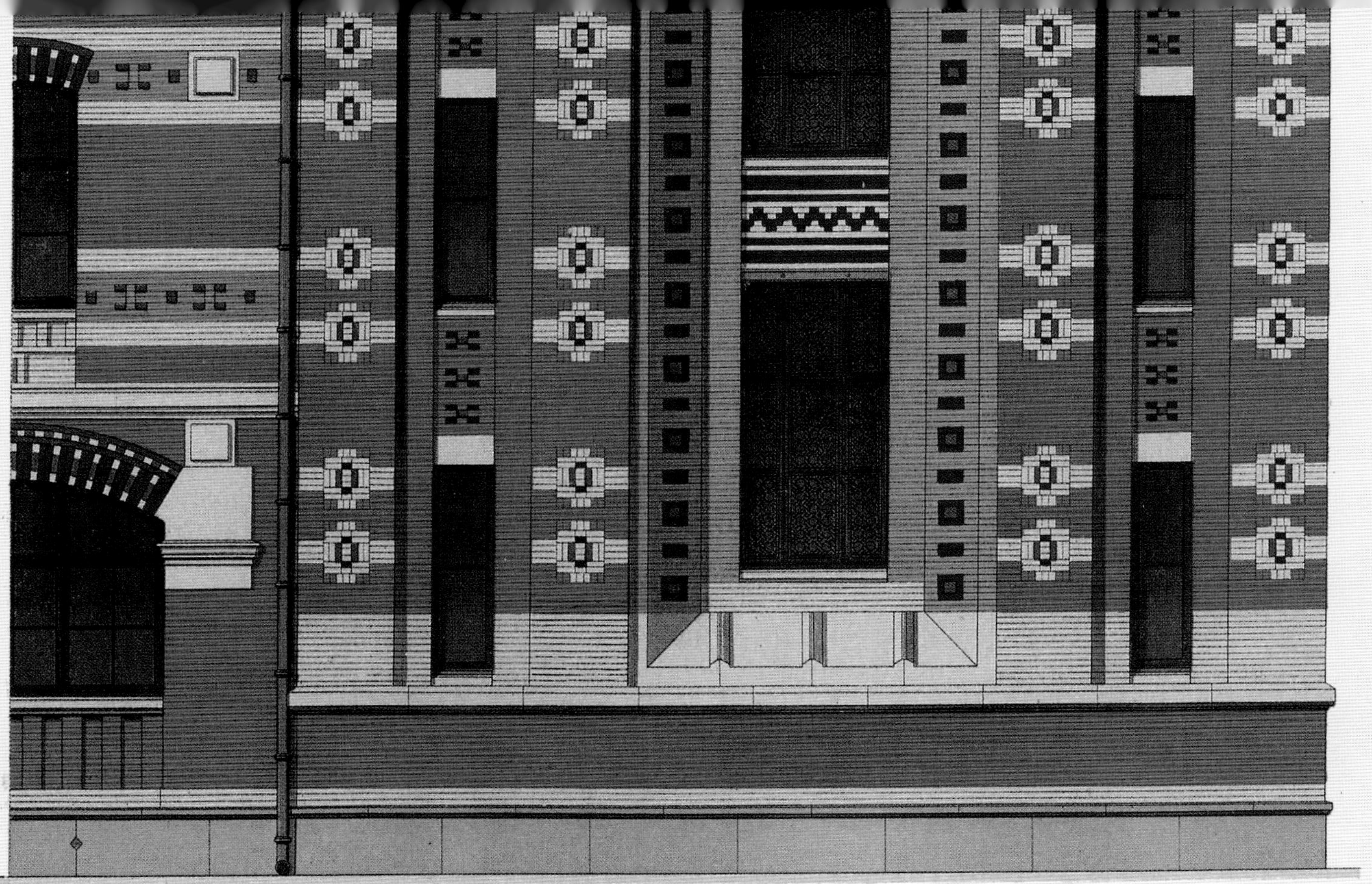

楼梯间立面图

建筑师工作室和门卫值班室

位置：建筑师工作室在法国卡尔瓦多斯省乌尔加特，门卫值班室在法国卡尔瓦多斯省伯内尔维尔
建筑师：爱德华·莱维奇

建筑师工作室

侧立面图

正立面图

工作室一层平面图

工作室二层平面图

门卫值班室一层平面图

门卫值班室二层平面图

图例

1. 工作坊
2. 工作室
3. 大厅
4. 卧房
5. 洗手间

门卫值班室

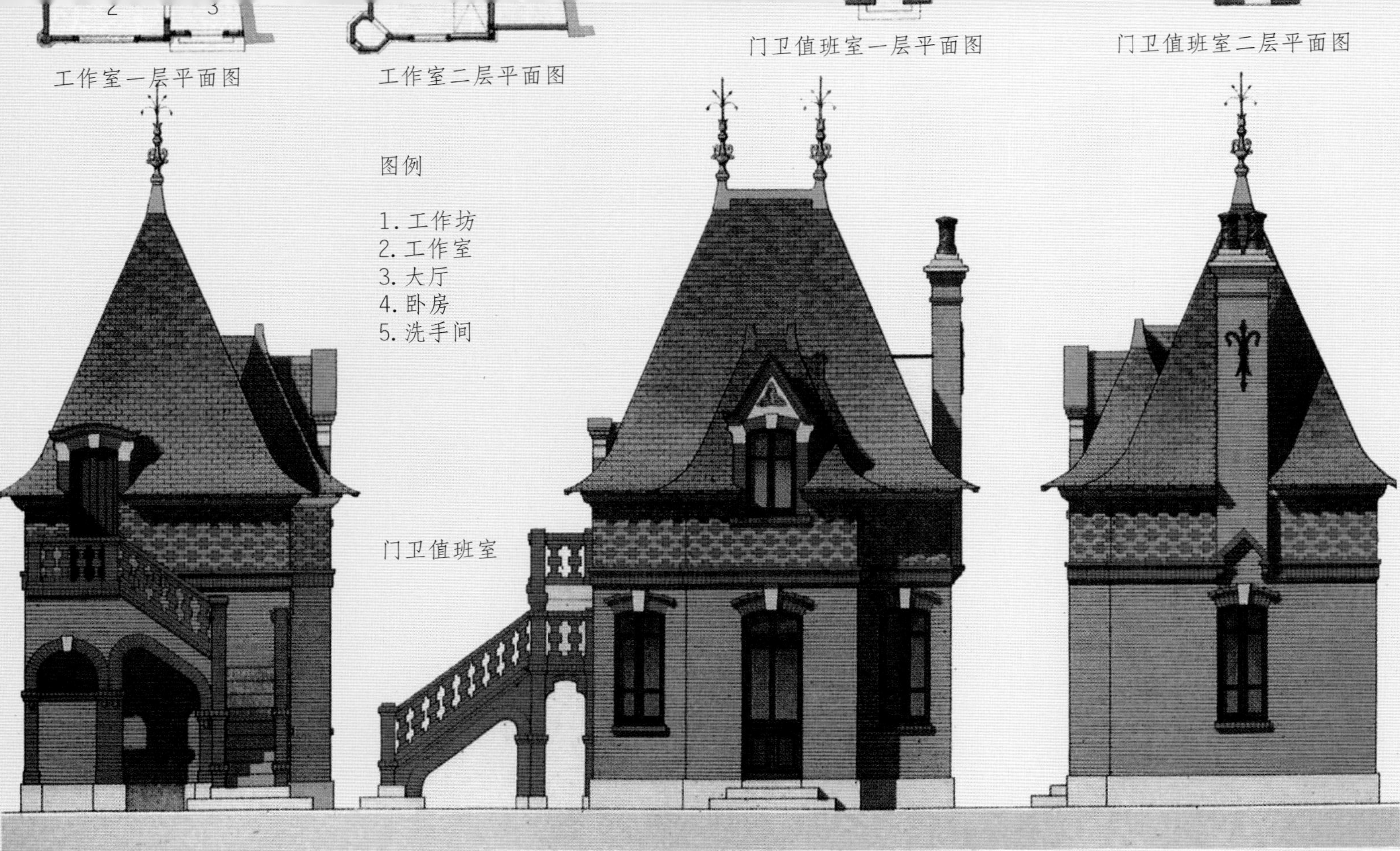

侧立面图 1

正立面图

侧立面图 2

枫丹白露的别墅

位置：法国塞纳 – 马恩省的枫丹白露区　建筑师：布拉厄尤斯

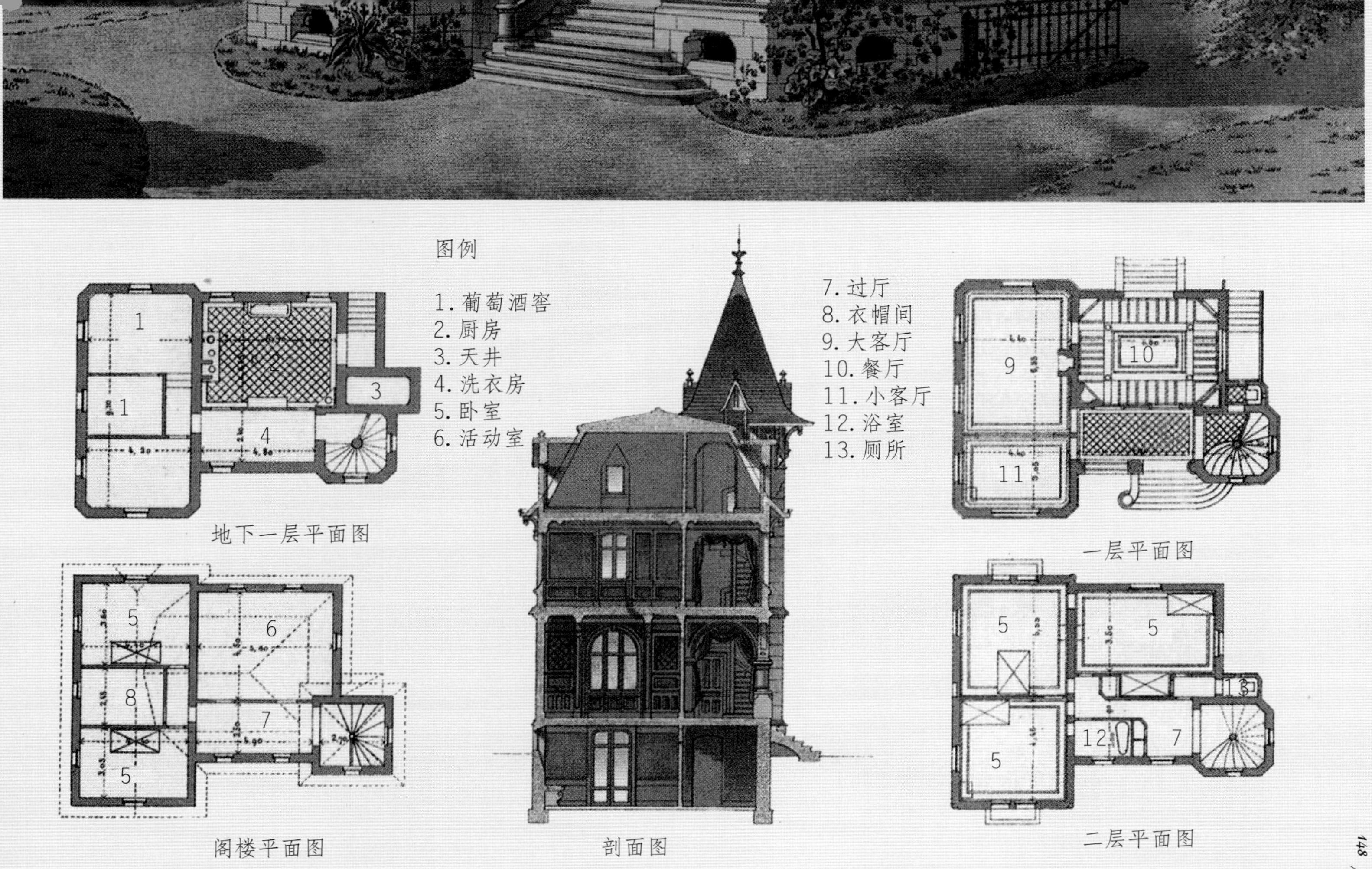
图例
1. 葡萄酒窖
2. 厨房
3. 天井
4. 洗衣房
5. 卧室
6. 活动室
7. 过厅
8. 衣帽间
9. 大客厅
10. 餐厅
11. 小客厅
12. 浴室
13. 厕所
地下一层平面图
阁楼平面图
剖面图
一层平面图
二层平面图

纳沙泰尔别墅

位置：法国卡尔瓦多斯省乌尔加特　建筑师：布米

立面图

图例

1. 厨房	6. 办公室	11. 盥洗室
2. 佣人房	7. 餐厅	12. 衣帽间
3. 地窖	8. 阳台	
4. 厕所	9. 客厅	
5. 过道	10. 卧房	

地下一层

一层平面图

二层平面图

低层住宅

位置：比利时布鲁塞尔　建筑师：V. 伽马尔

乌尔加特的服务房

位置：法国卡尔瓦多斯省乌尔加特

建筑师：布米

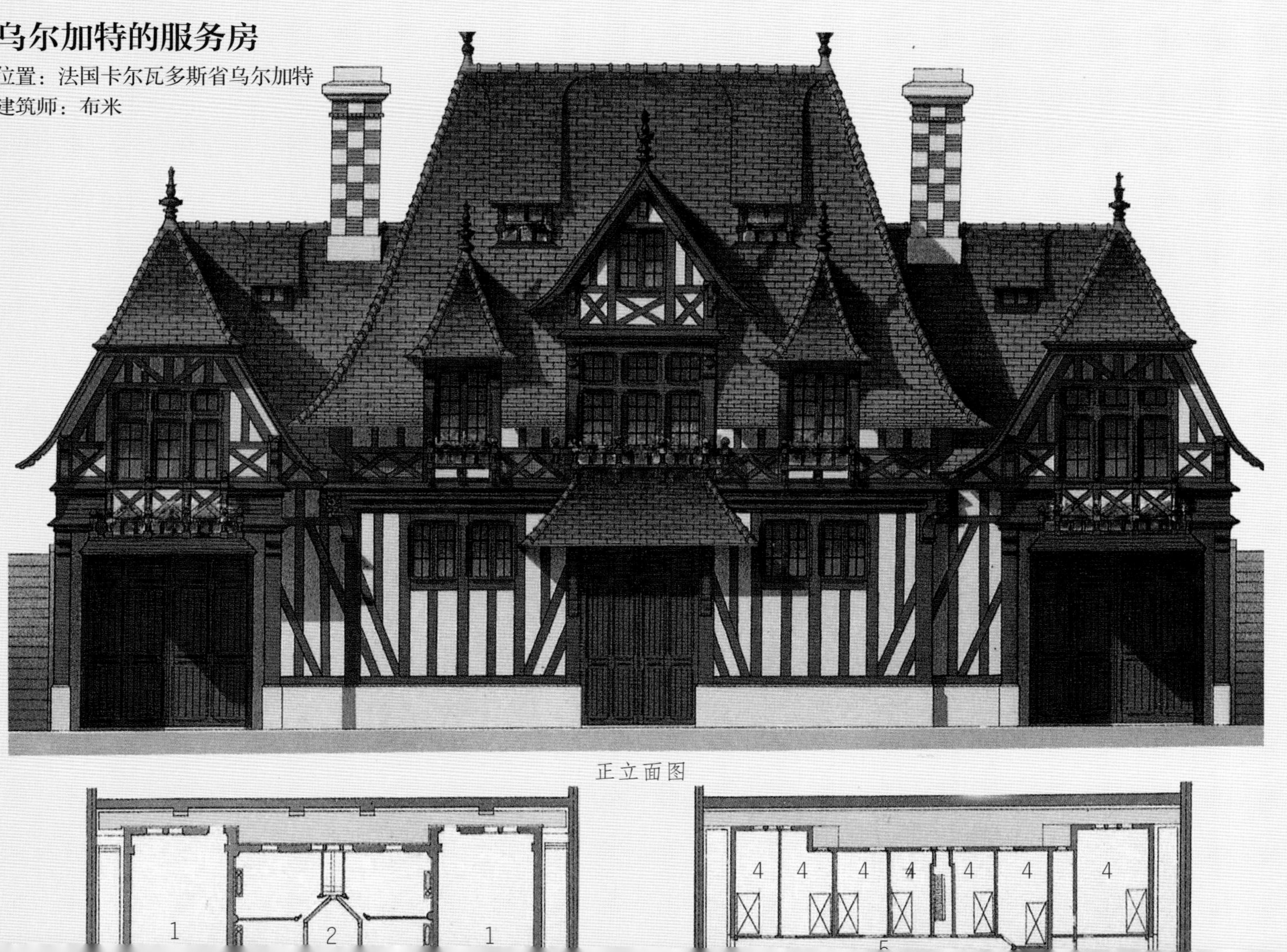

正立面图

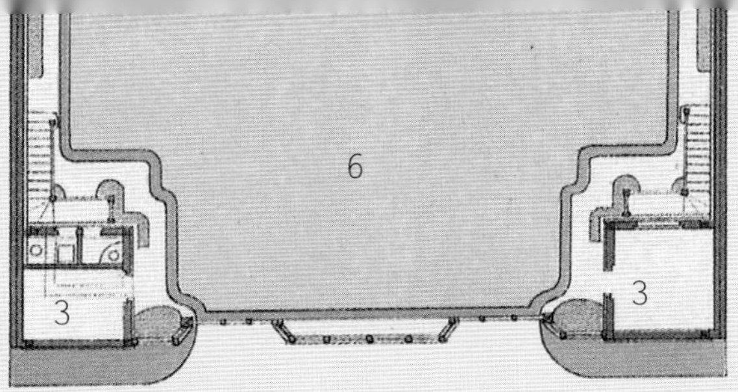

一层平面图

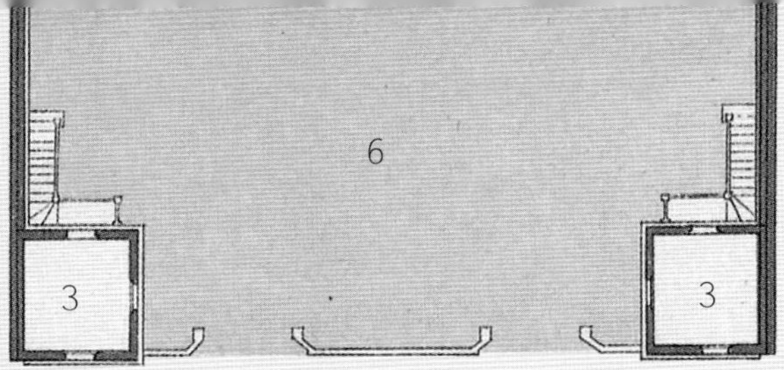

二层平面图

图例

1. 服务台
2. 共用厕所
3. 角亭
4. 客房
5. 过道
6. 院子

侧立面图 1

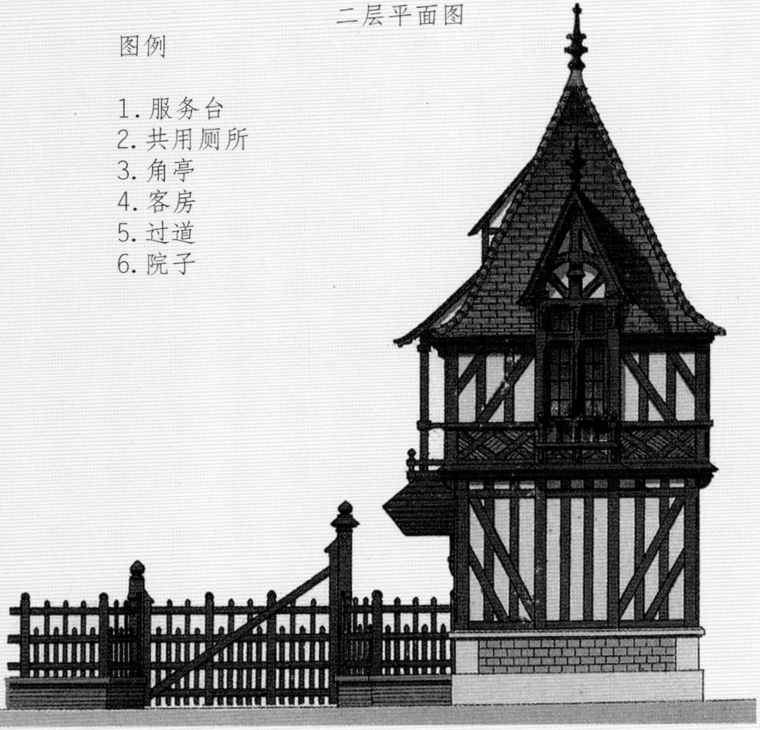

侧立面图 2

住宅服务站房

位置：法国巴黎韦尔街　　建筑师：保罗·桑迪尔

细部大样 1

二层平面图

一层平面图

细部大样 2

图例

1. 马厩
2. 马具存放室
3. 畜舍
4. 天井
5. 过道
6. 卧室

海滨住宅设计

建筑师：胡古楞

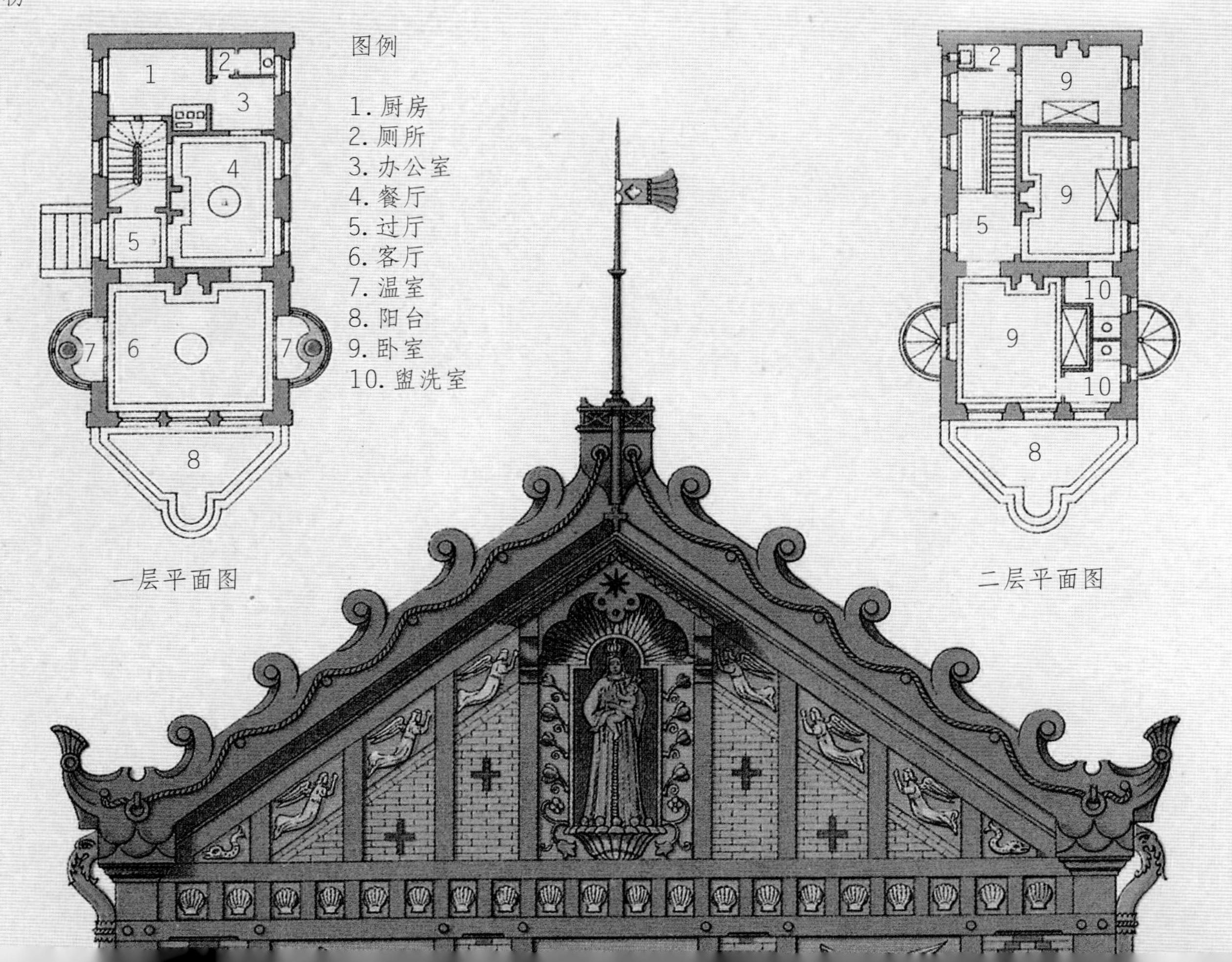

一层平面图

二层平面图

立面图

巴黎布洛涅湾动物园的鸽舍

建筑师：西门内特

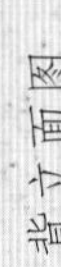
背立面图

主立面图

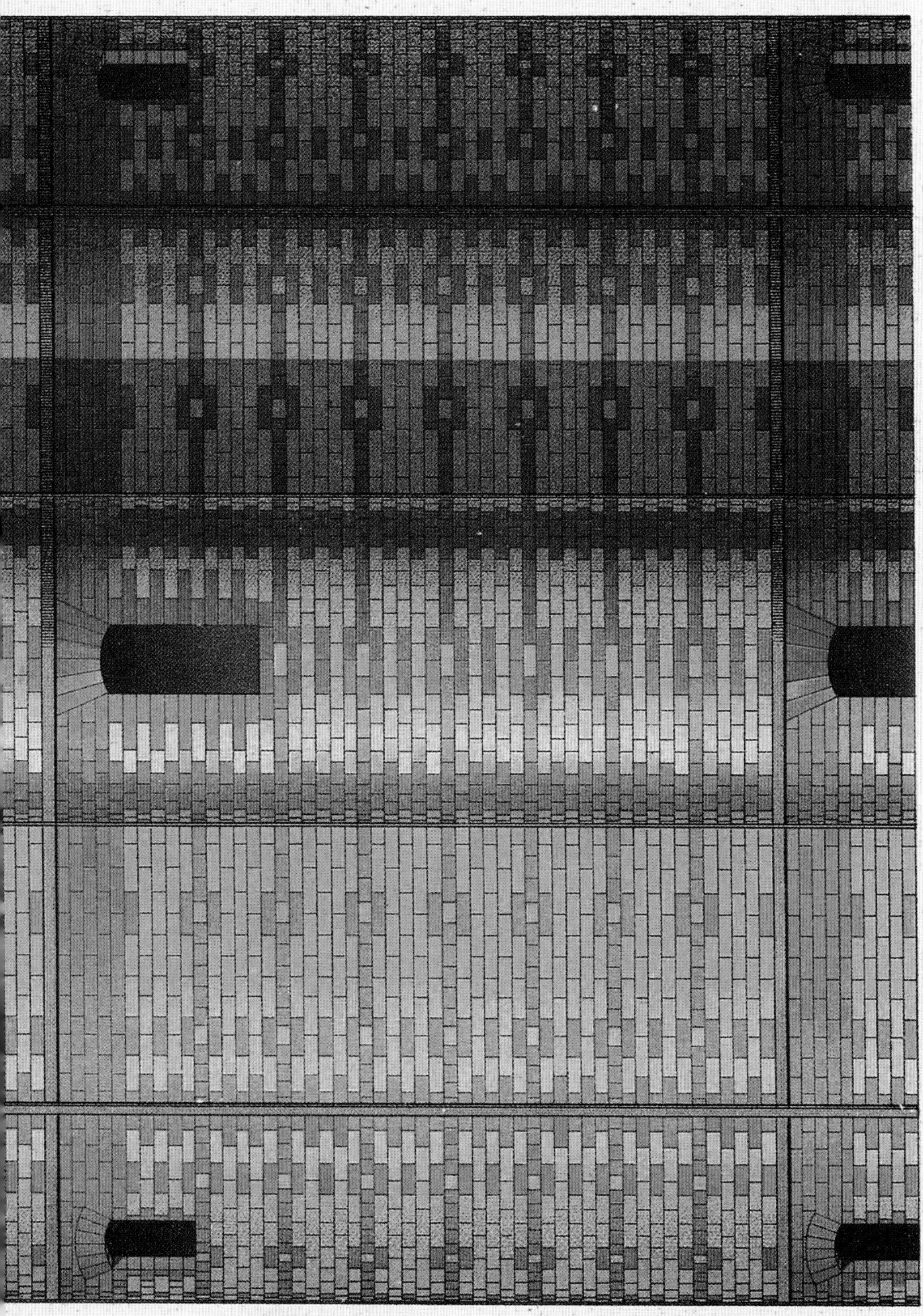

背立面图的细部

巴黎国立医药学院的园丁之家

位置：法国巴黎　　建筑师：C. 里尼

A 立面图

B 立面图

在莫雷库尔特的房子

位置：法国塞纳－瓦兹省　　建筑师：西门内特

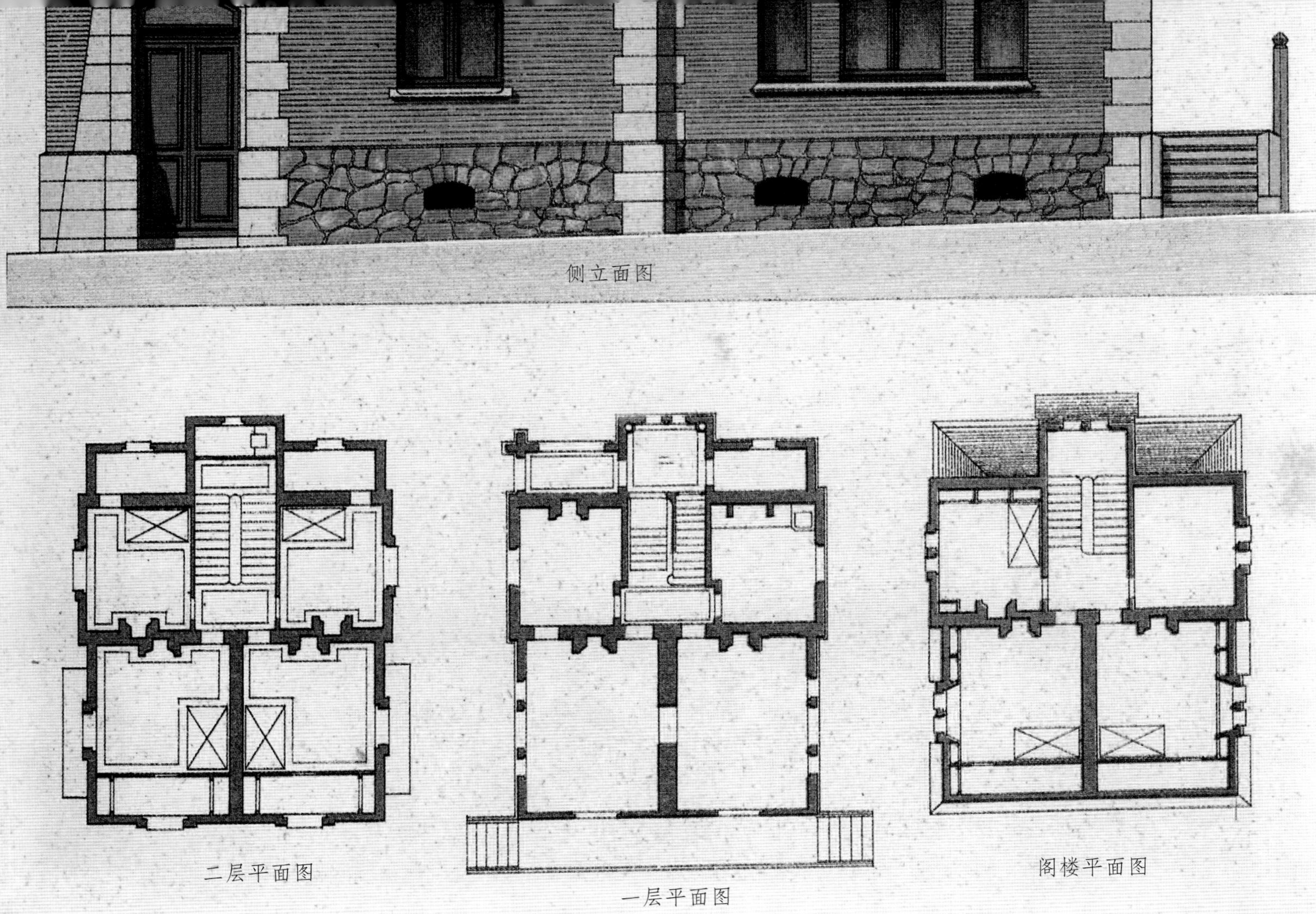
侧立面图
二层平面图
一层平面图
阁楼平面图

0,25
0,25
0,38
1,40
0,35
2,60
0,82

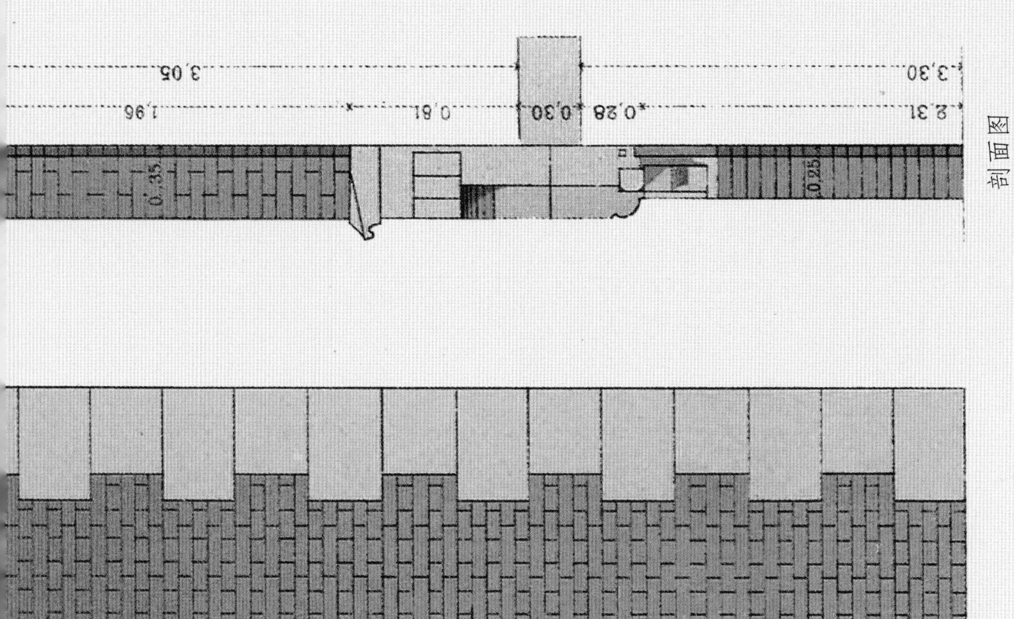

剖面图

山墙的细部

农场主之家

位置：法国厄尔省　　建筑师：拉瑞考拉

侧立面图

正立面图

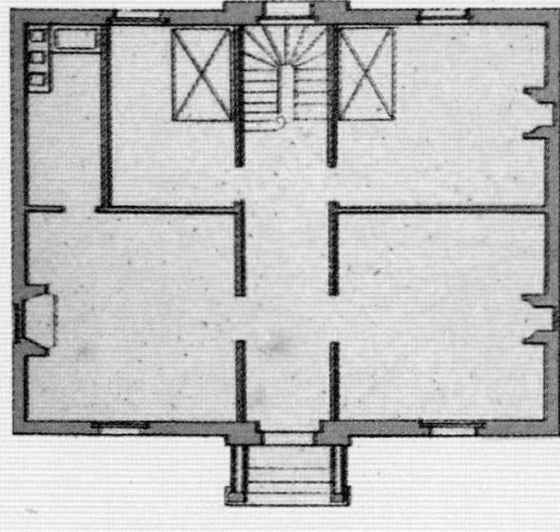

一层平面图

檐口的细部

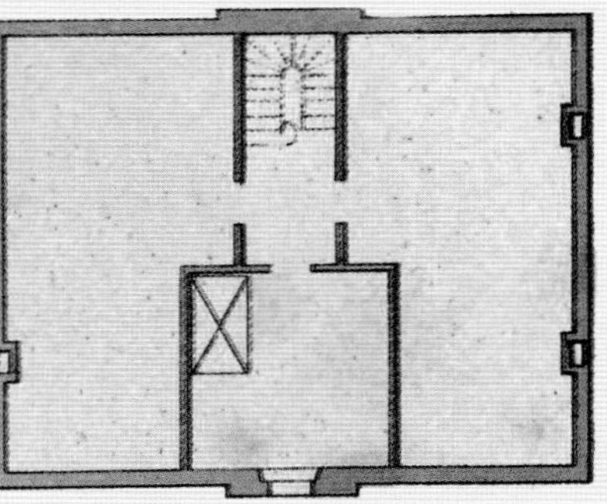

阁楼的平面图

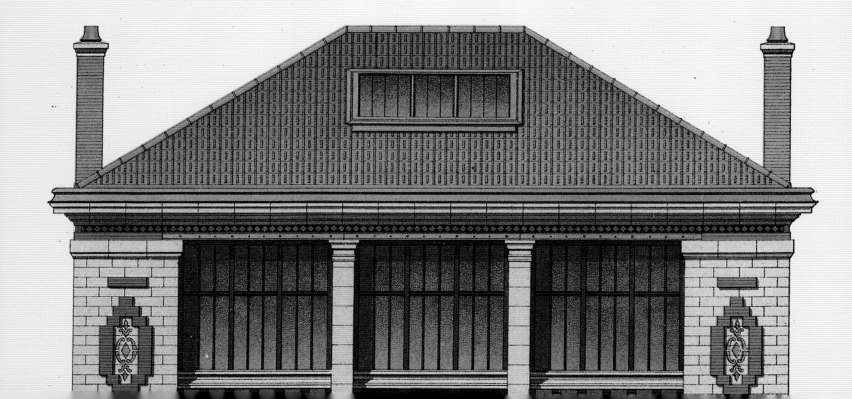

画家住宅

位置：法国巴黎杜肯大道　　建筑师：J. 瓜德特

侧立面图

瓦格拉姆大道上的山墙

位置：法国巴黎　　建筑师：S. 叟伍斯特

侧立面图

吉索尔医院庭院主楼、门廊、山墙

位置：法国厄尔省吉索尔县　　建筑师：C. 块斯图

庭院主楼剖面图

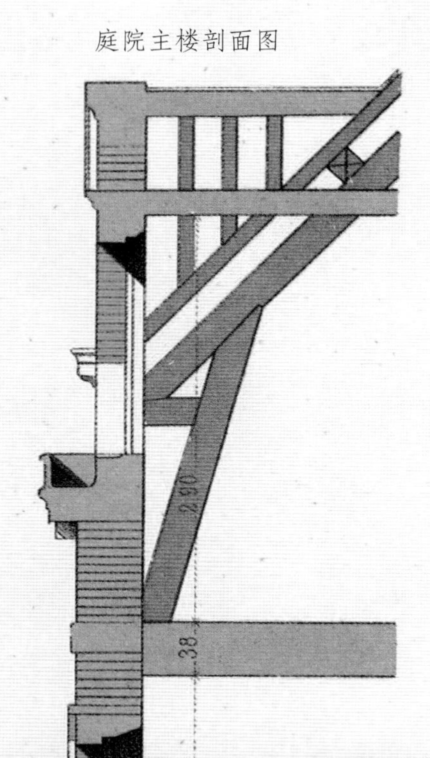

庭院主楼立面图

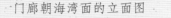

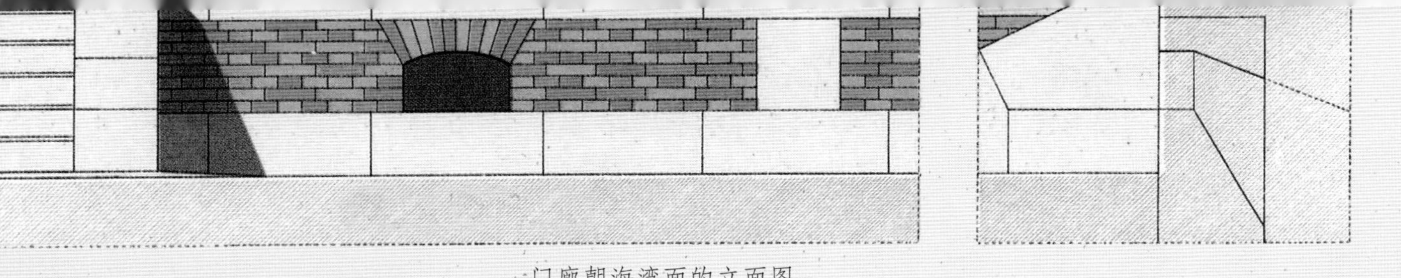

门廊朝海湾面的立面图

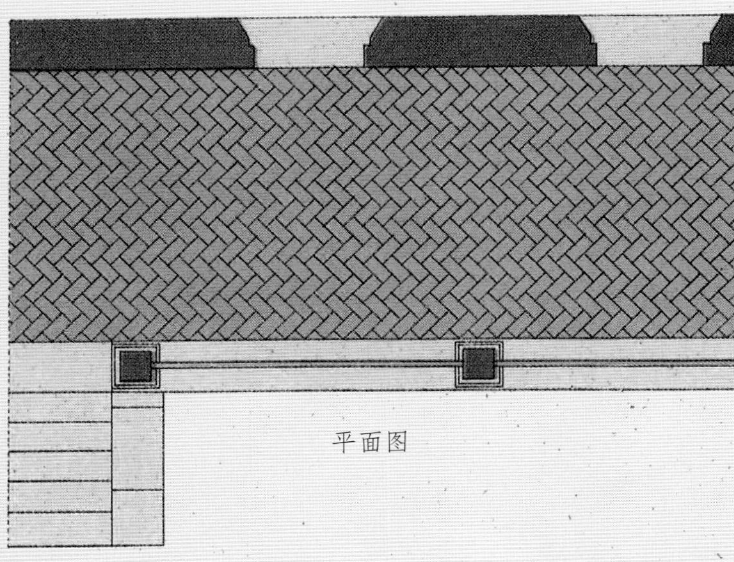

平面图

檐口的细部

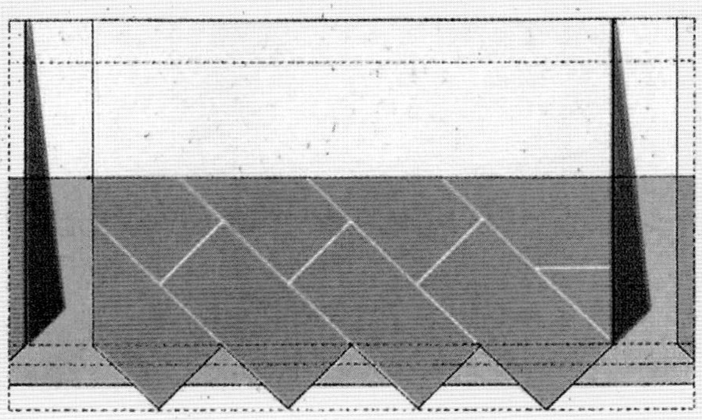

立面图

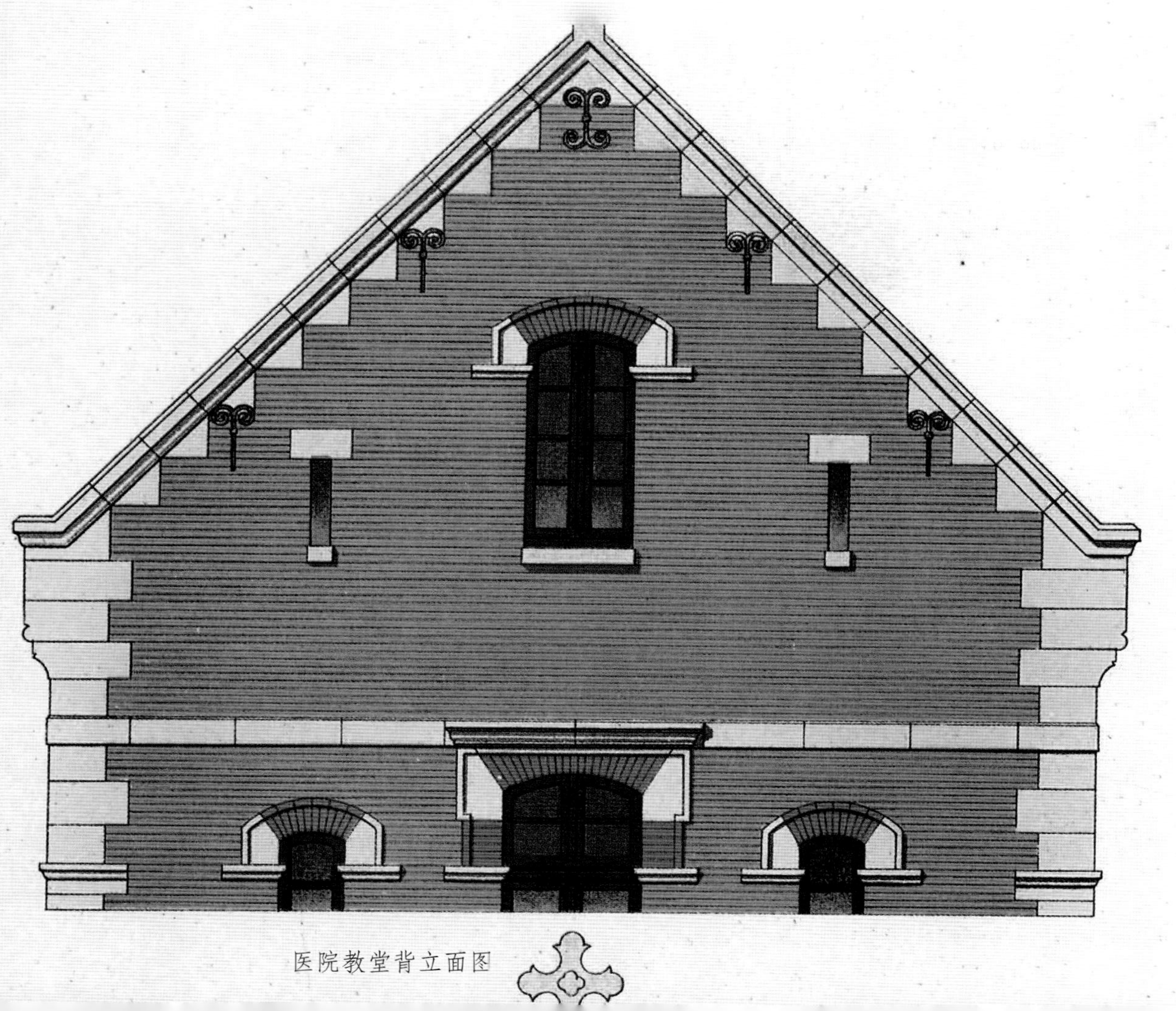

医院教堂背立面图

医院教堂主立面图

勒阿弗尔火车站的塔吊盖

位置：法国滨海塞纳省勒阿弗尔

建筑师：丁·里希

阳台剖切面
排水管剖切面

保韦尔斯行会

位置：比利时安特卫普　　建筑师：J.J. 温得斯

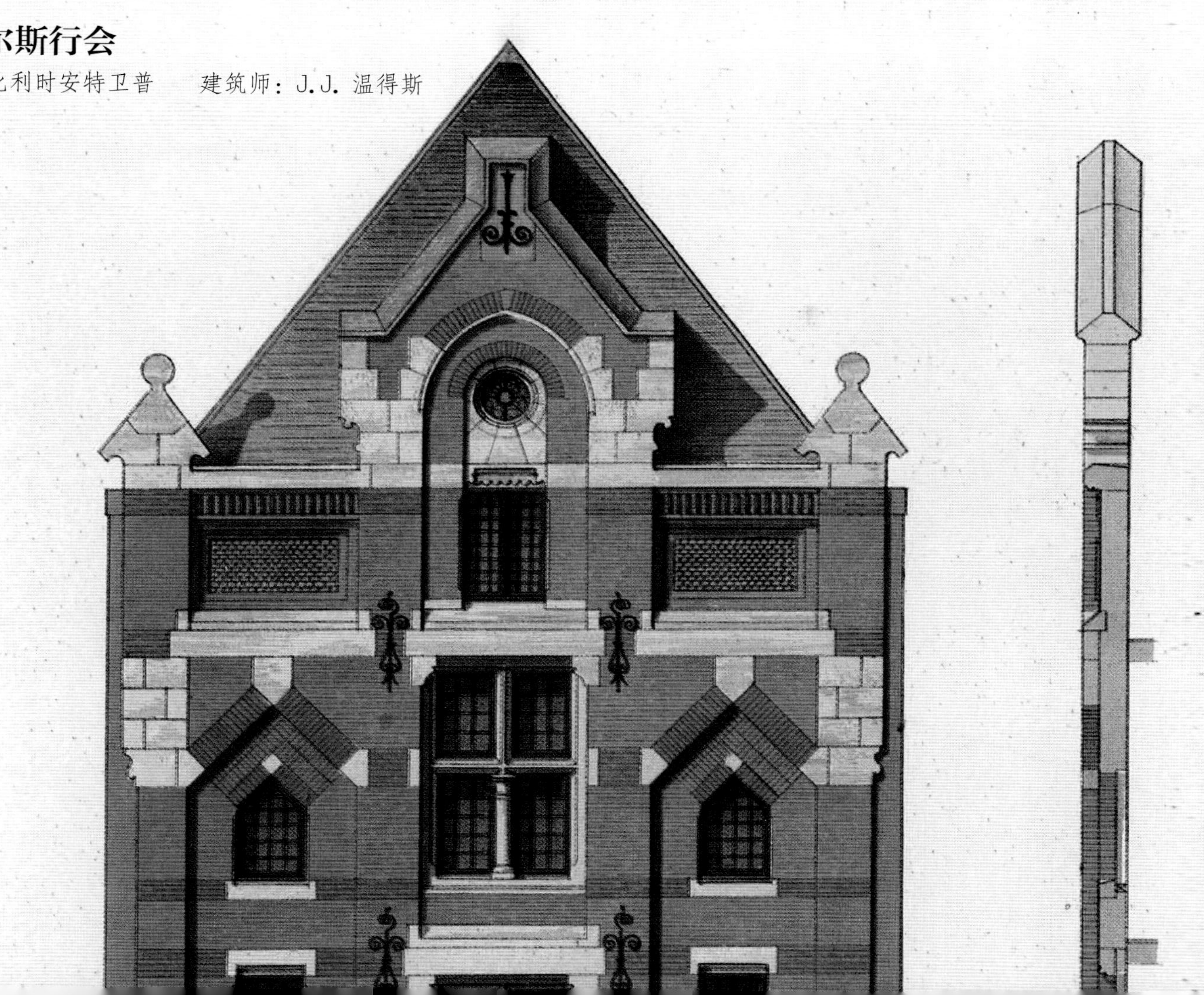

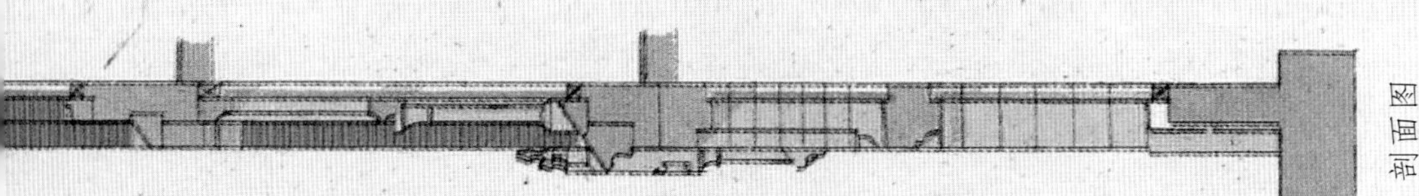

剖面图

立面图

讷莱米讷的教堂

位置：法国加莱海峡省讷莱米讷　　建筑师：C. 莫乐

侧立面图

马市的办事处和洗手间

建筑师：奥古斯特·约瑟夫·马格纳

INSPECTEUR
0,01 p.m.
平面图
山墙
剖面图
山墙

肖蒙小丘公园前公园主的住宅

位置：法国巴黎　　建筑师：伽布里－让－安东尼·戴维德

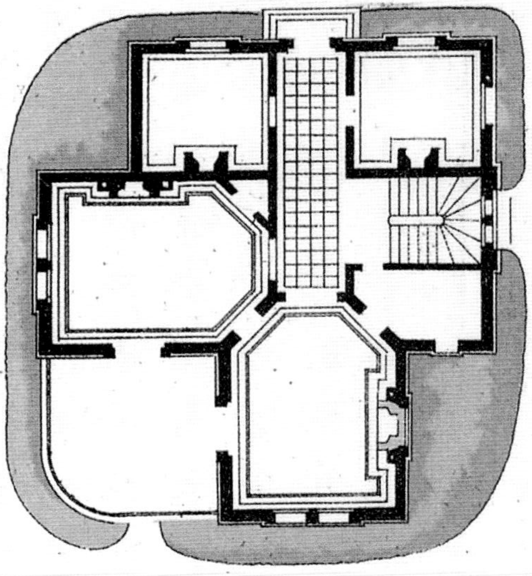

一层平面图

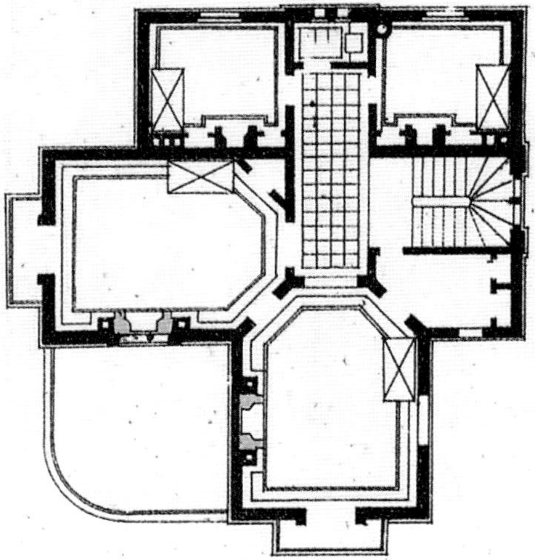

二层平面图

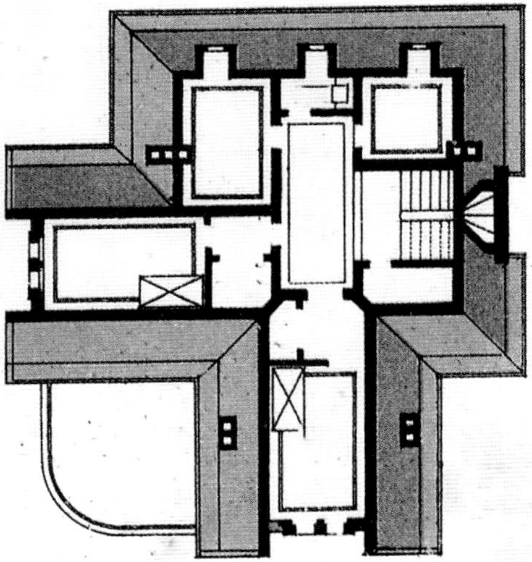

阁楼平面图

布鲁塞尔造币厂服务房

位置：比利时布鲁塞尔　　建筑师：A. 鲁塞尔

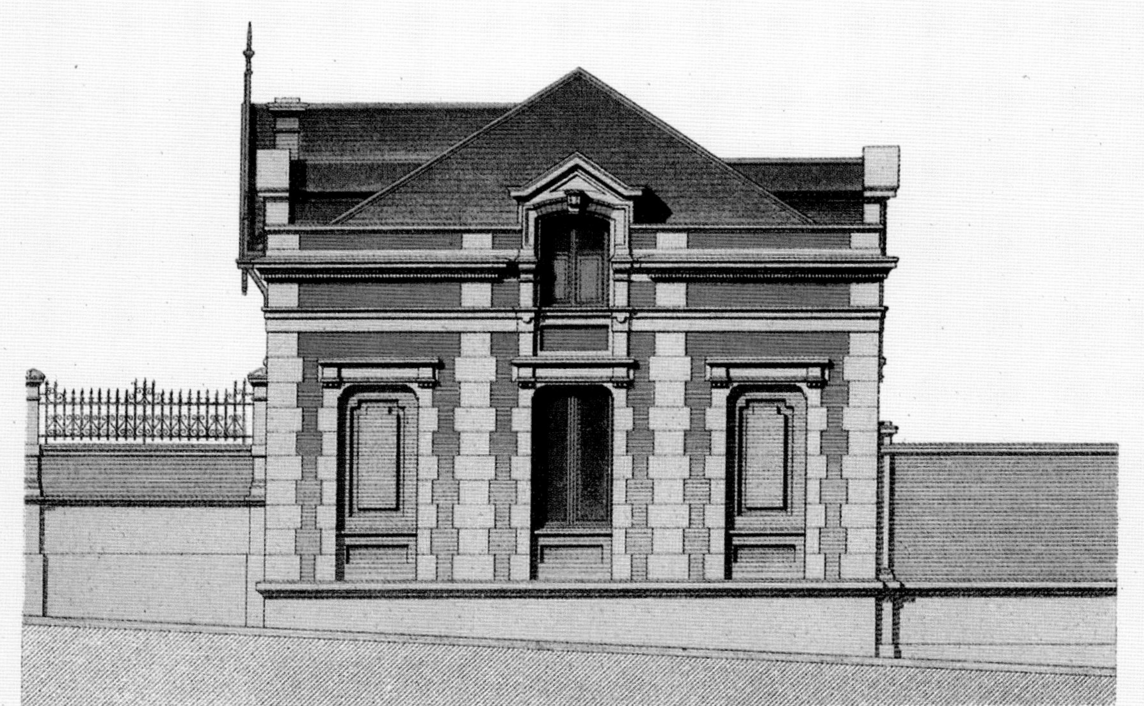

A 立面图

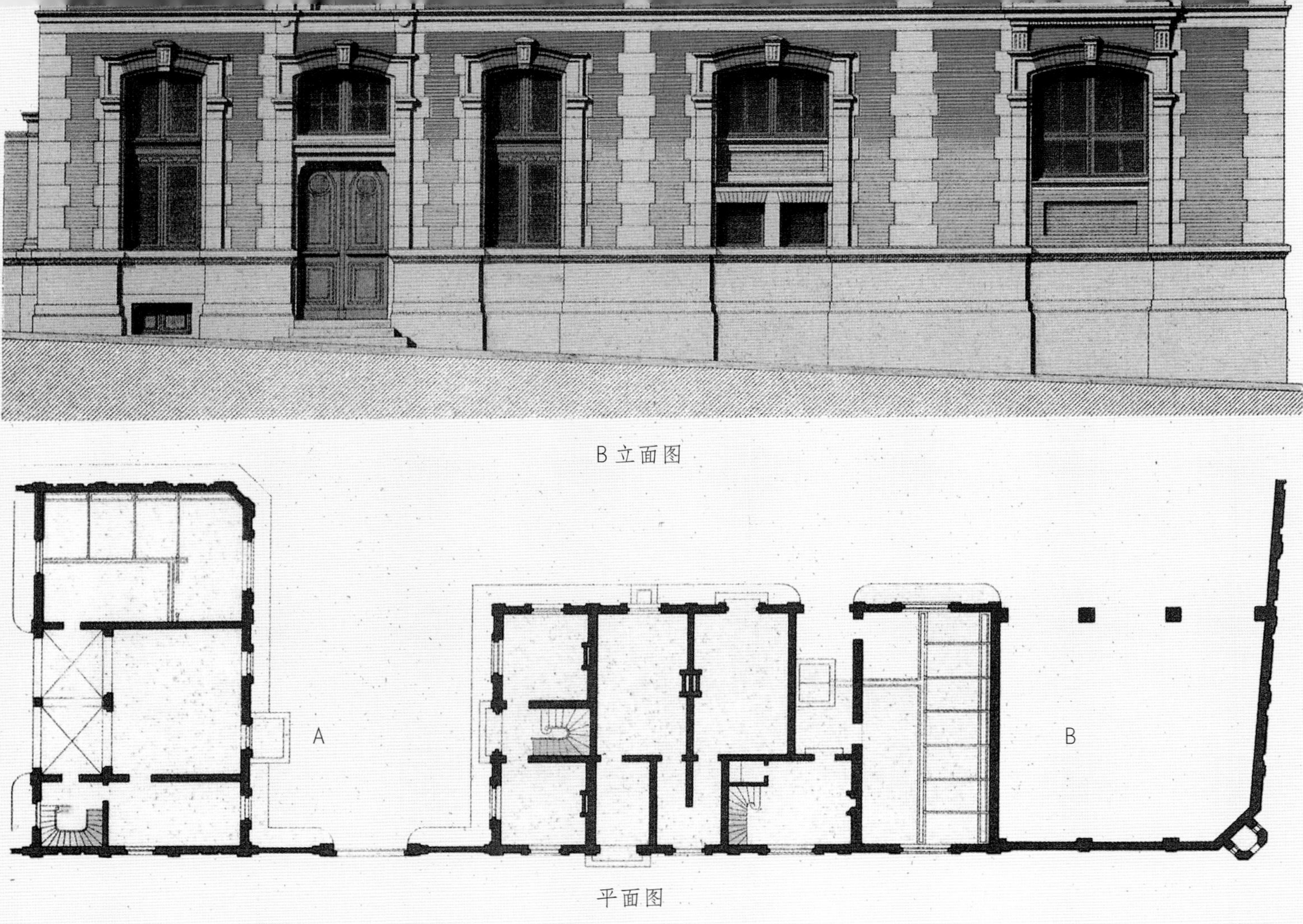

B立面图

平面图

巴黎天文台大道上的房子

位置：法国巴黎
建筑师：克勒利

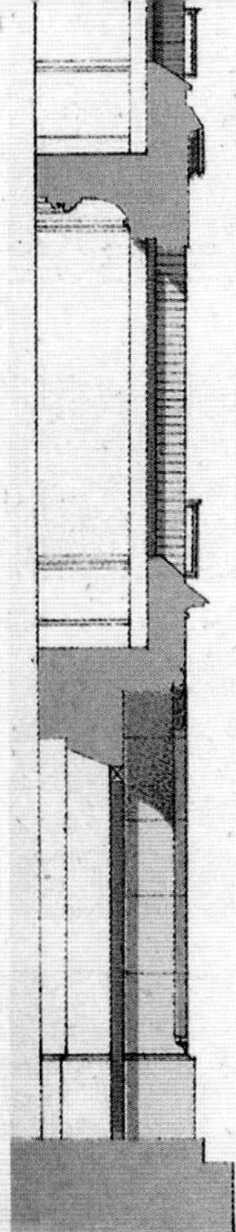

剖面图

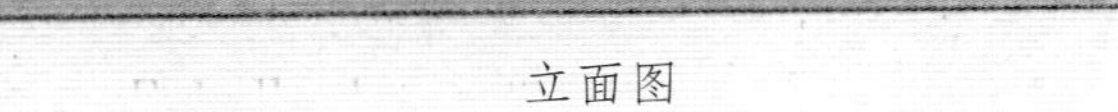

立面图

在布鲁塞尔的房子

位置：比利时布鲁塞尔　　建筑师：门纳西尔

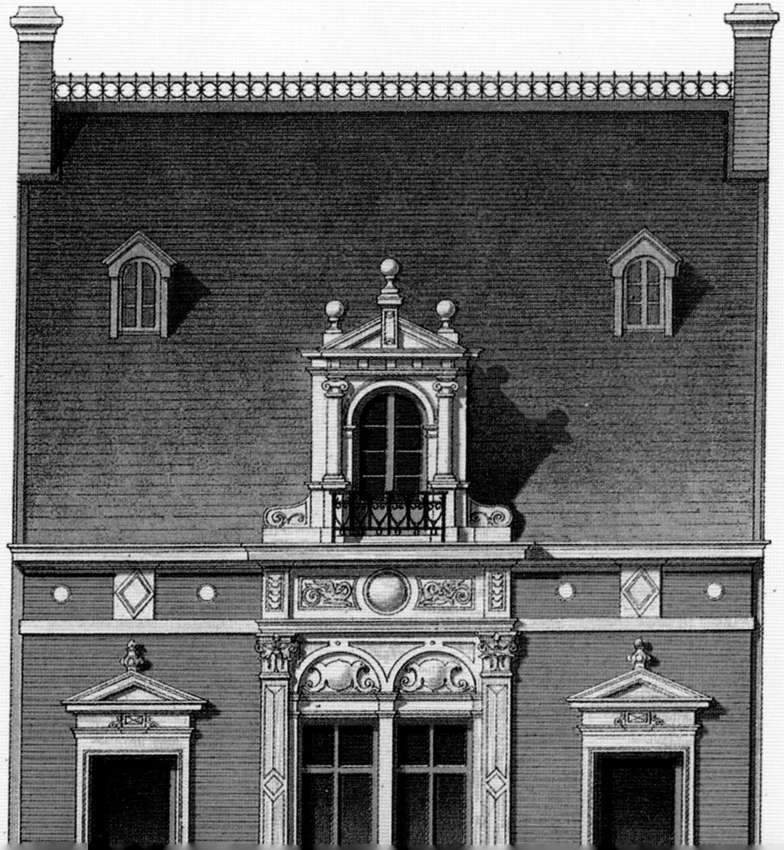

立面图 2

立面图 1

鹿特丹两家同宅的房子

位置：荷兰鹿特丹　　建筑师：J. 弗尔

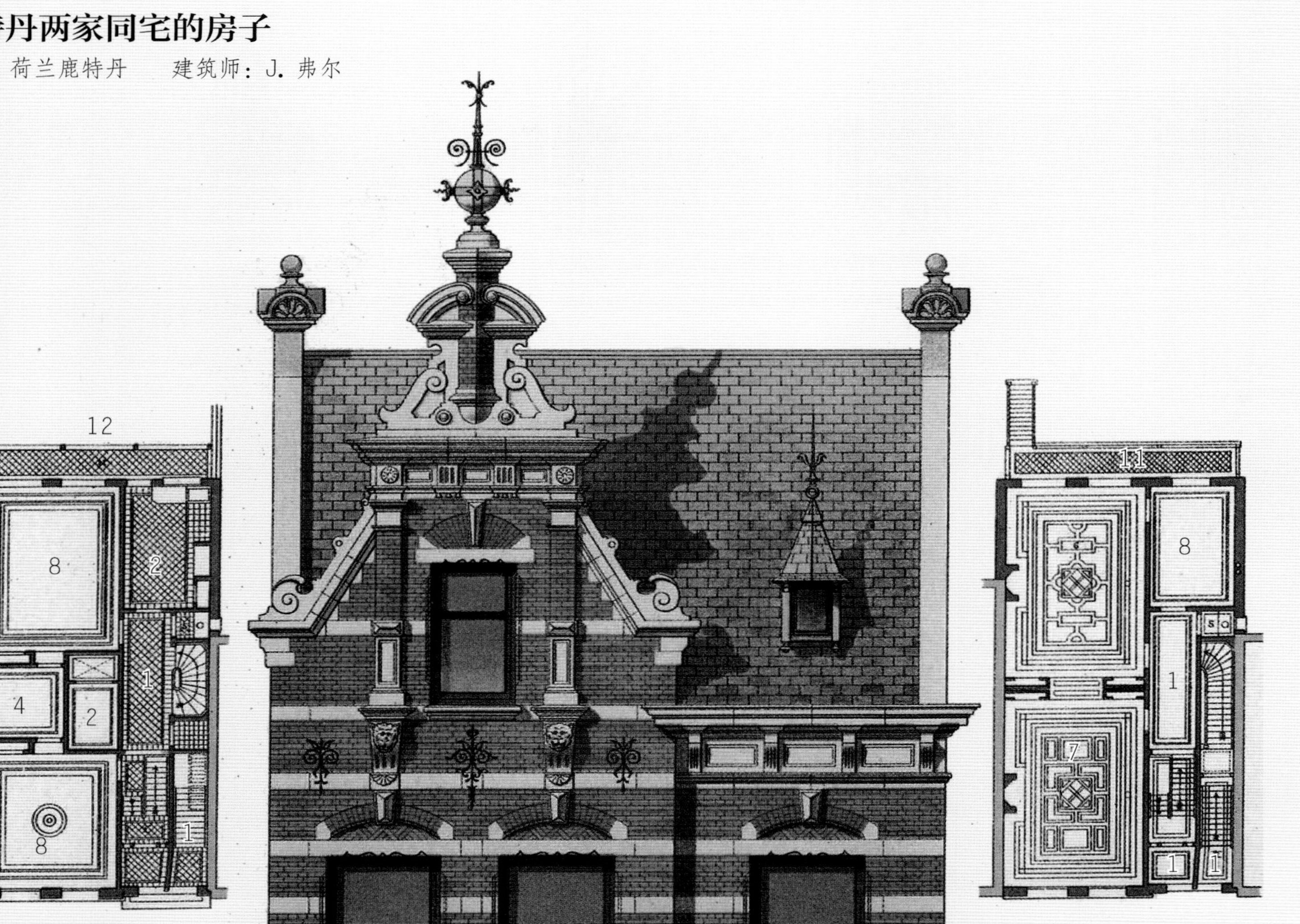

地下室平面图

一层平面图

图例

1. 过厅
2. 厨房
3. 办公室
4. 阳台
5. 厕所
6. 餐厅
7. 客厅
8. 卧室
9. 浴室
10. 阳台
11. 院子
12. 花园

二层平面图

阁楼平面图

利雪车站的烟囱

位置：法国卡尔瓦多斯省利雪市　建筑师：林格蕾

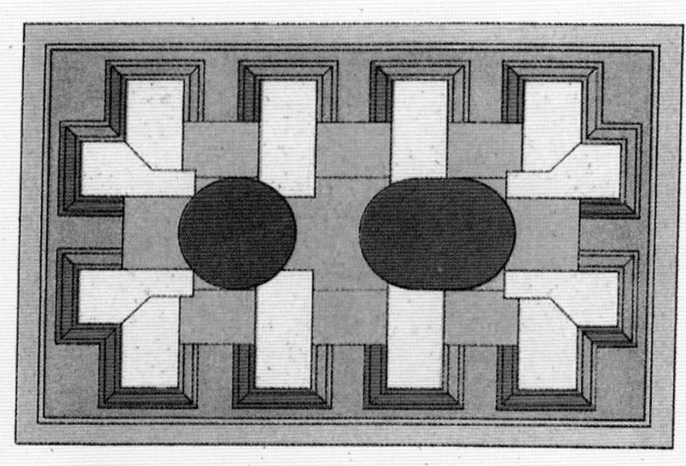

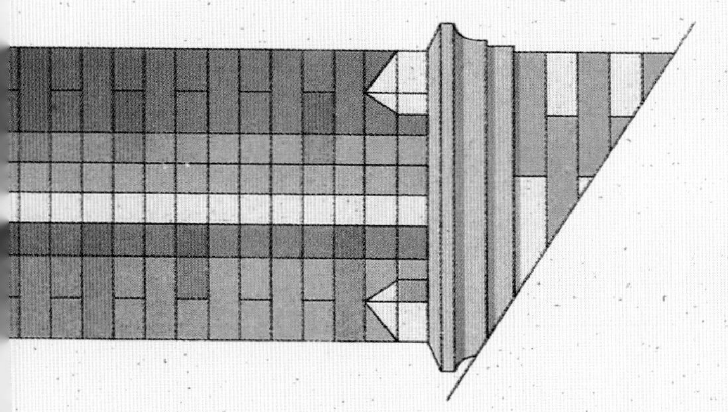

由洛白尼茨（Loebnitz）公司生产的釉面陶土

J. GOUJON.
PAVL SEDILLE
ARCHITECTE
J. LŒBNITZ.
FAIENCIER

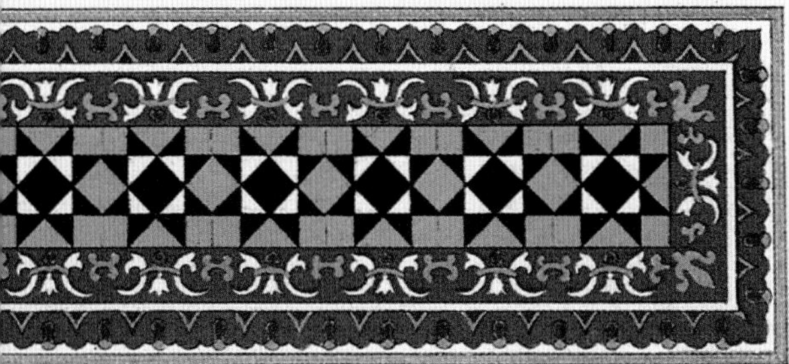

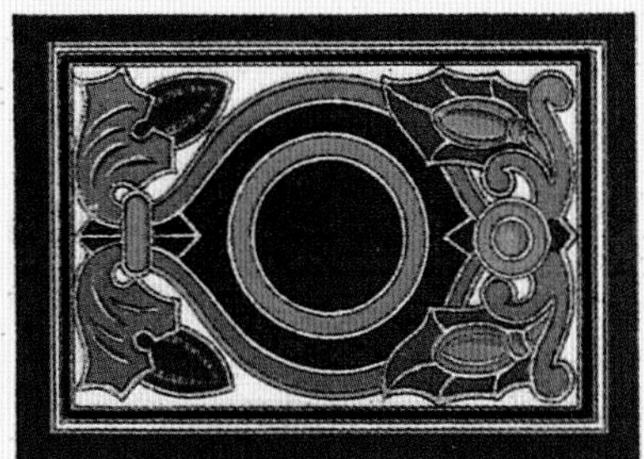

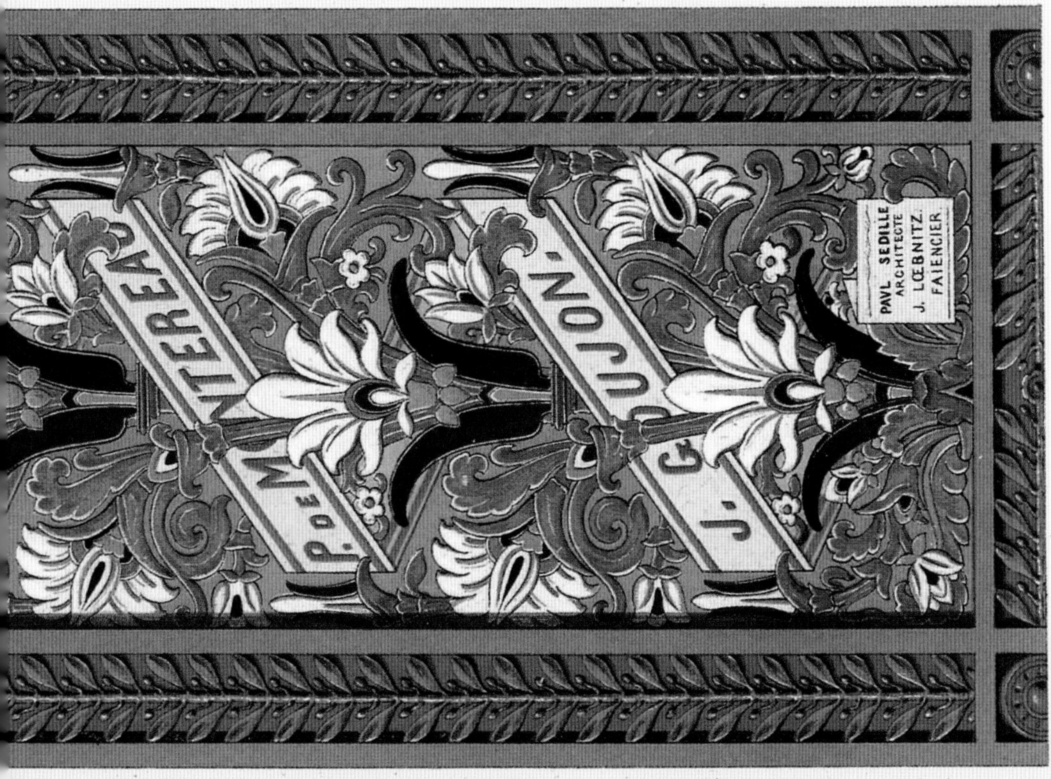

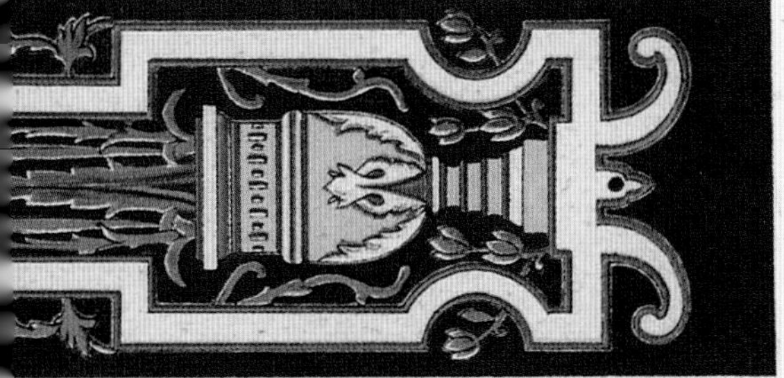

莫拉公司制作的产品装饰细部

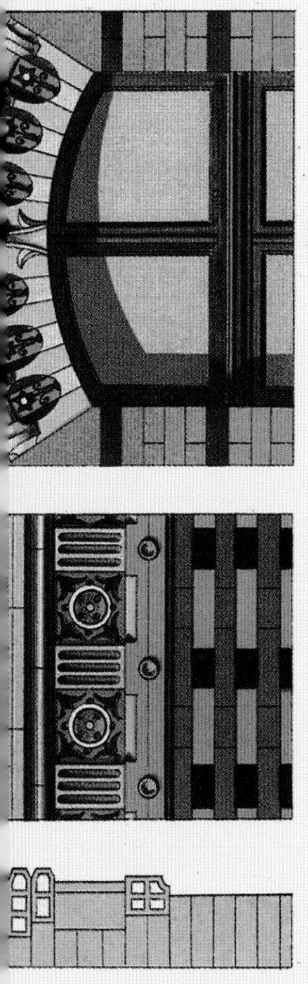

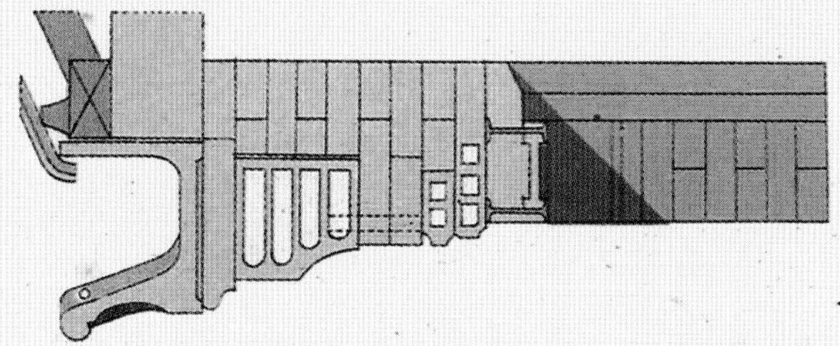

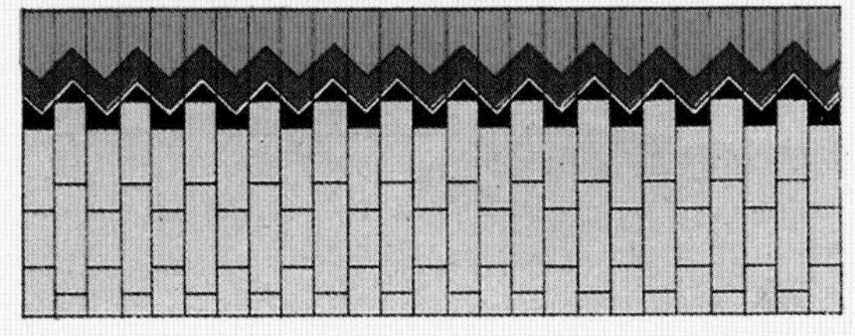

来自法国和瑞士的烟囱轴

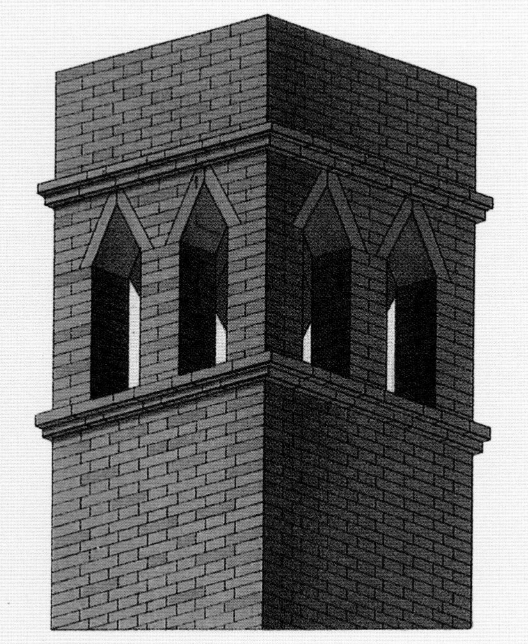

不间断墙的图案

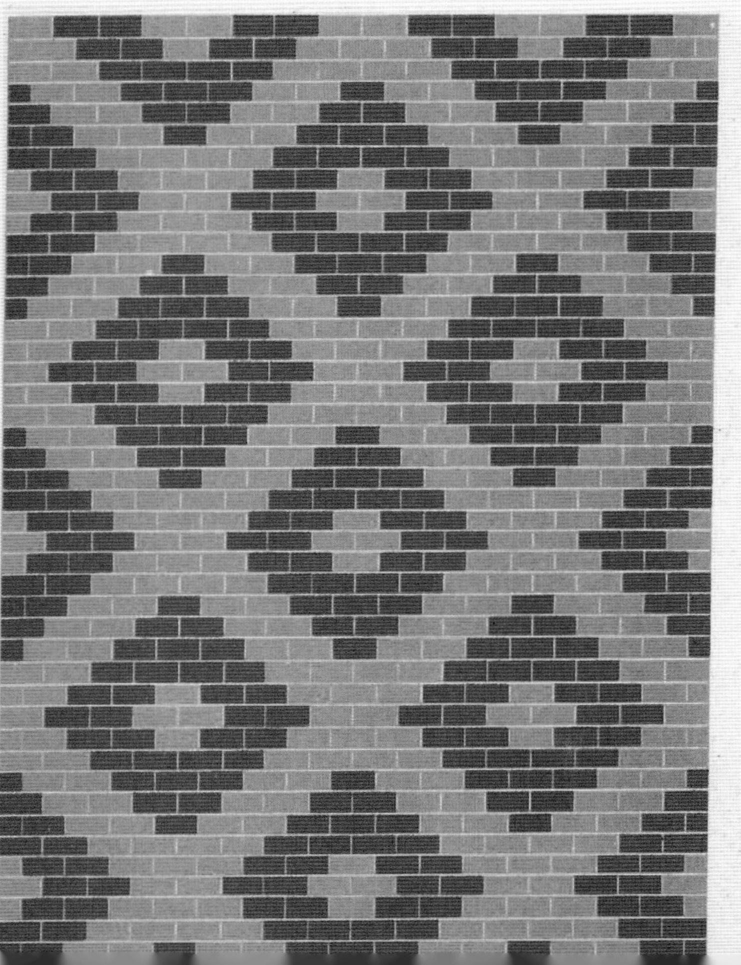

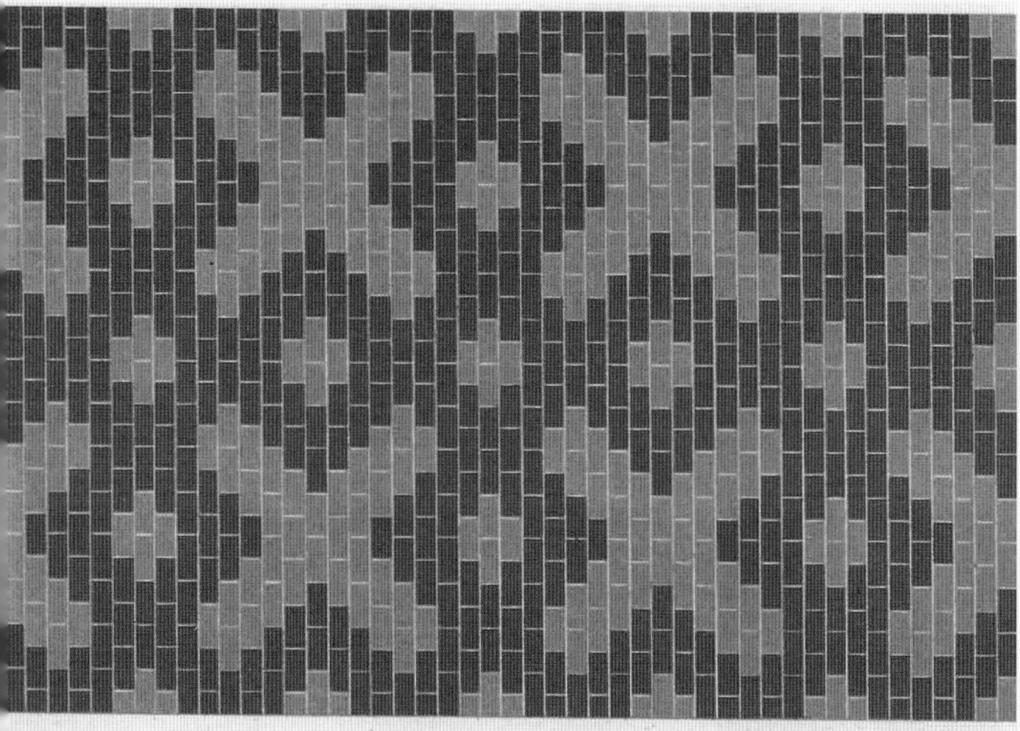

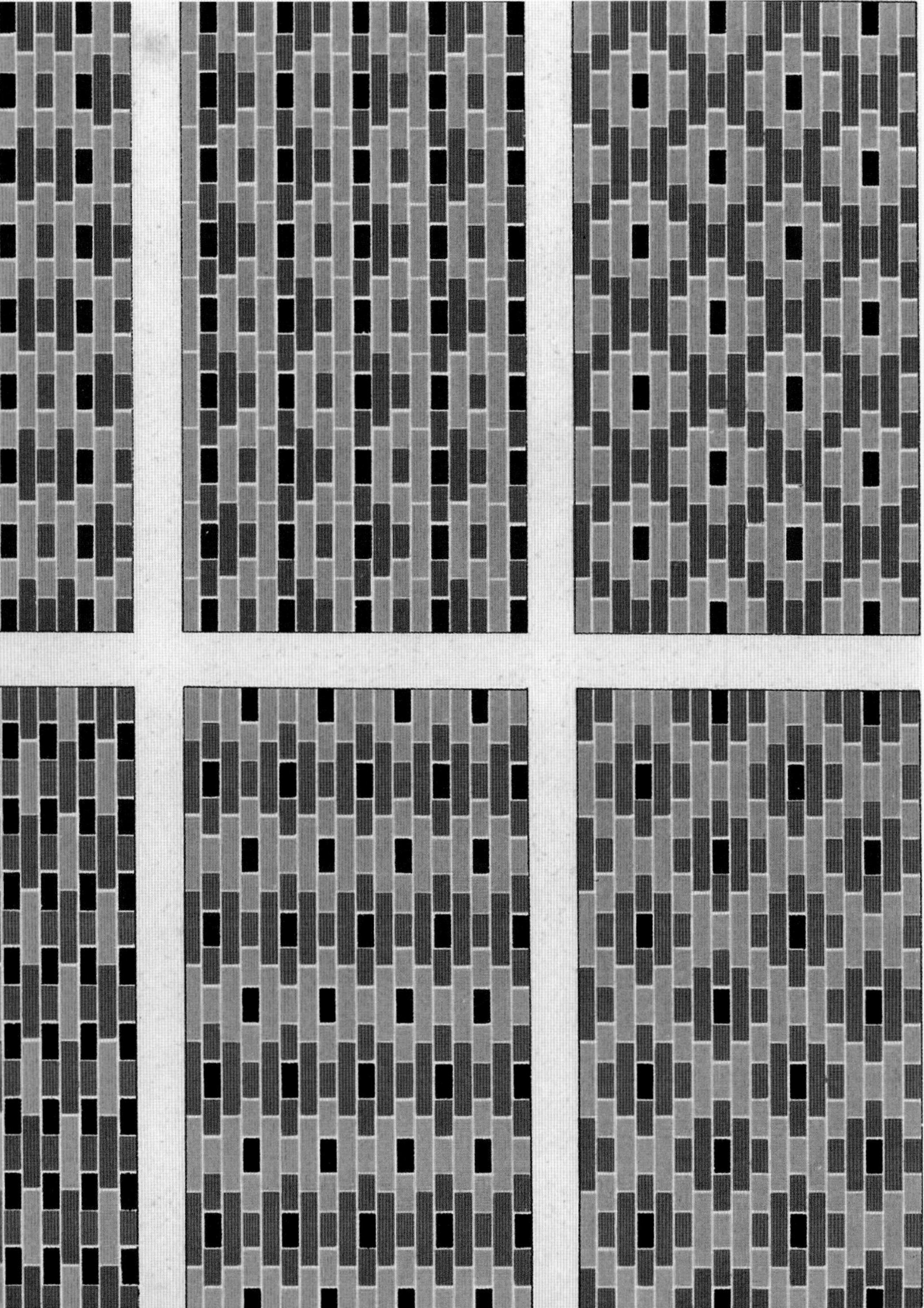

墙上的镂空

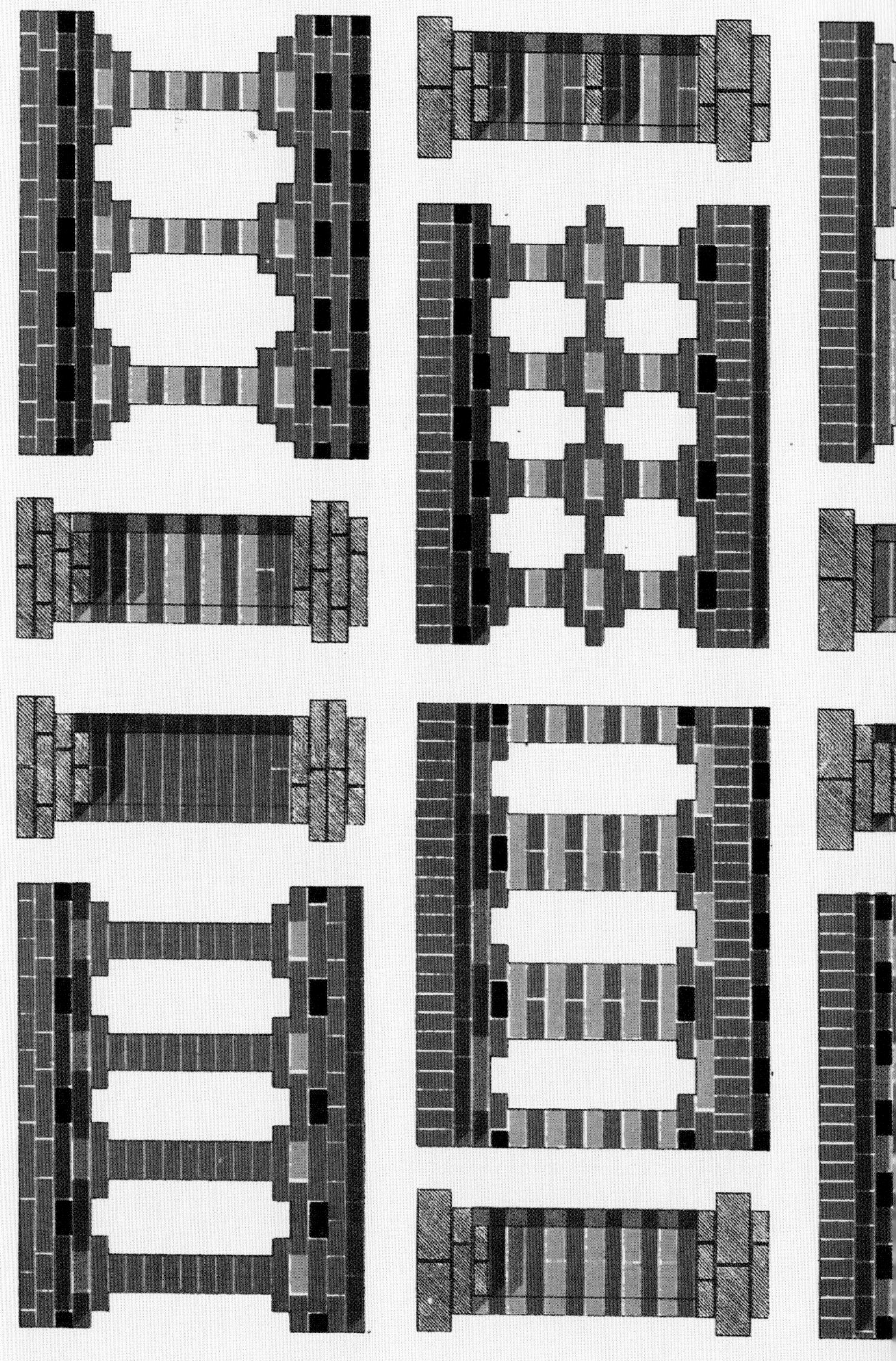

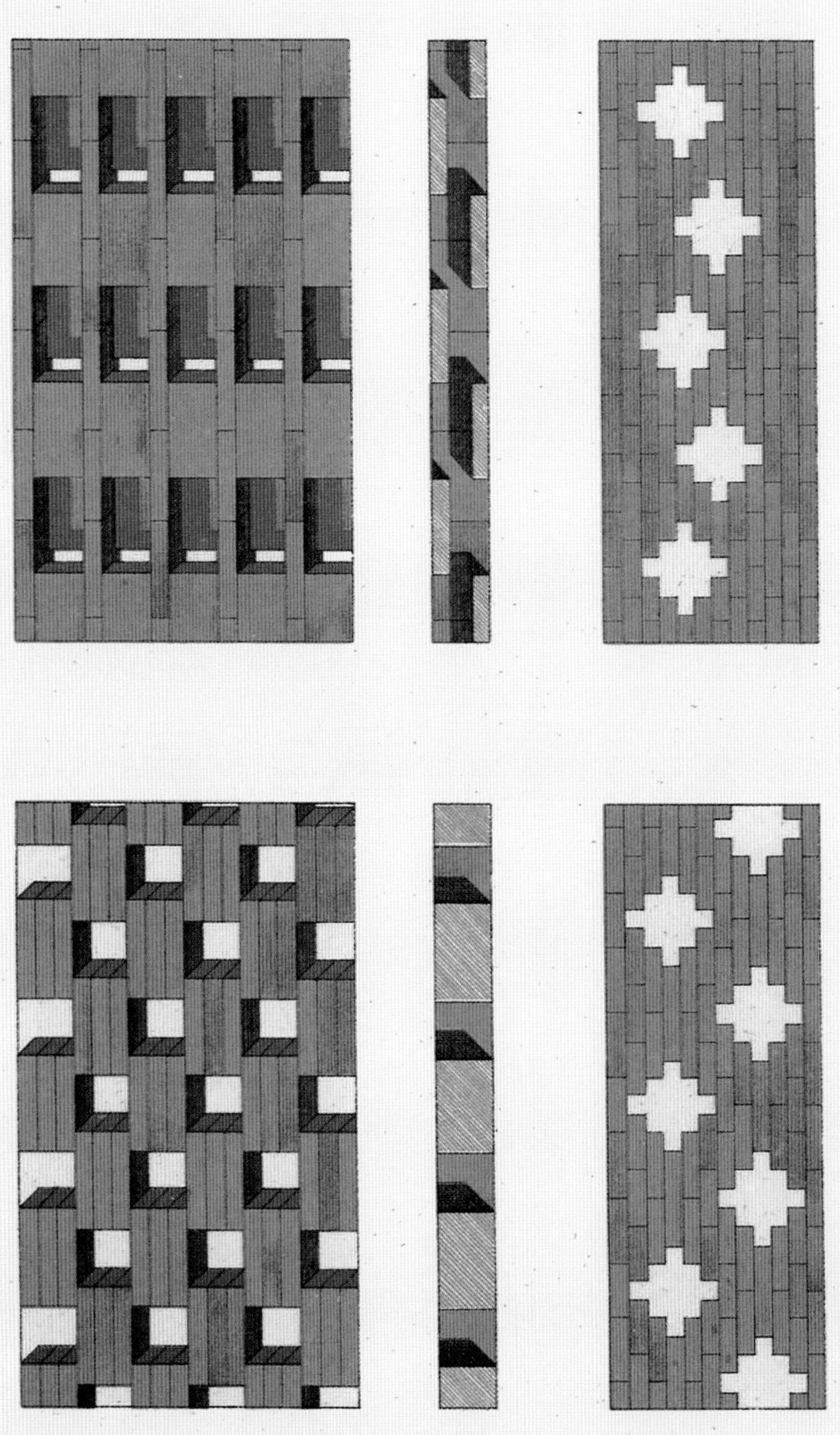

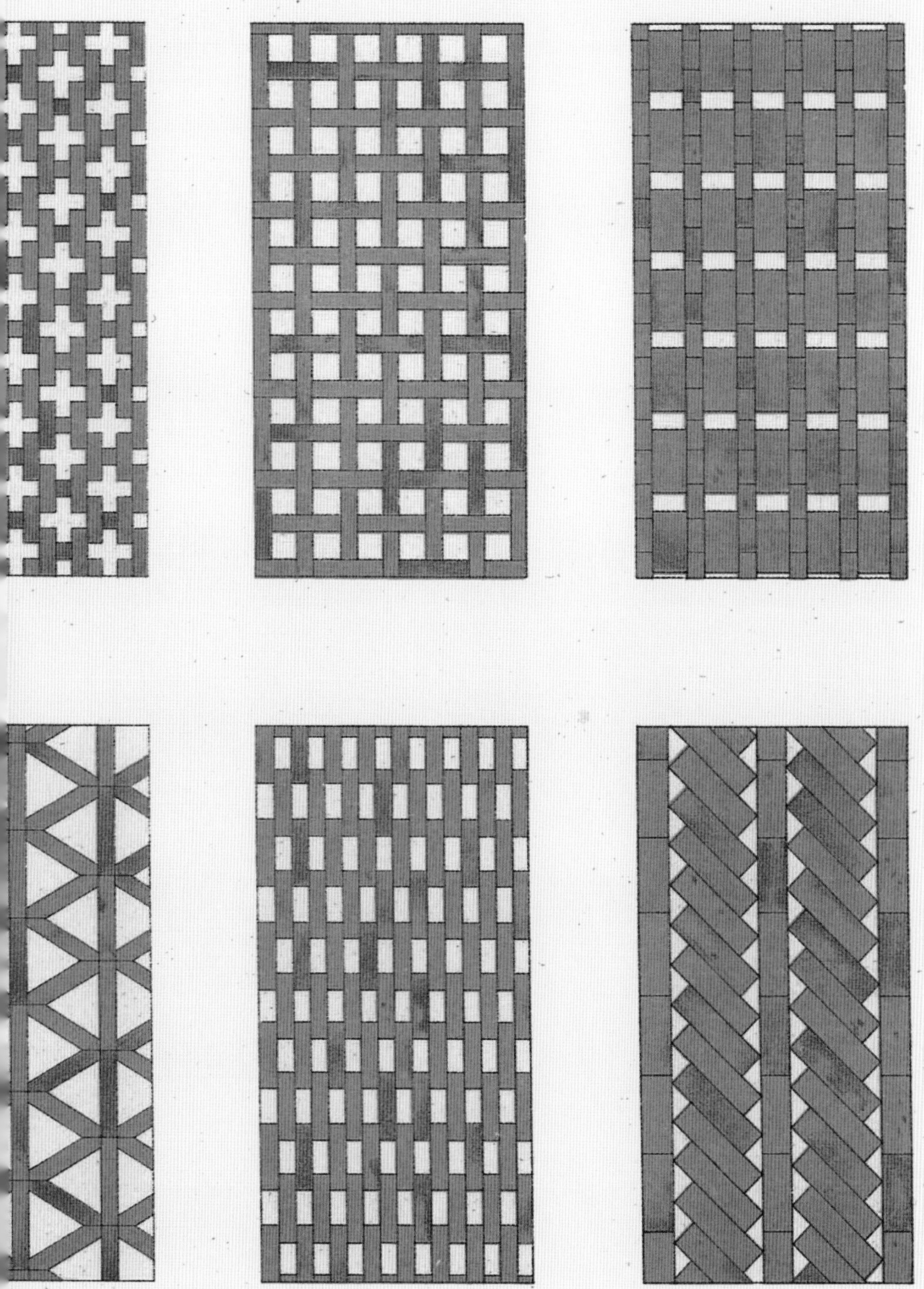

红陶栏杆

10 个赤陶瓷砖图案

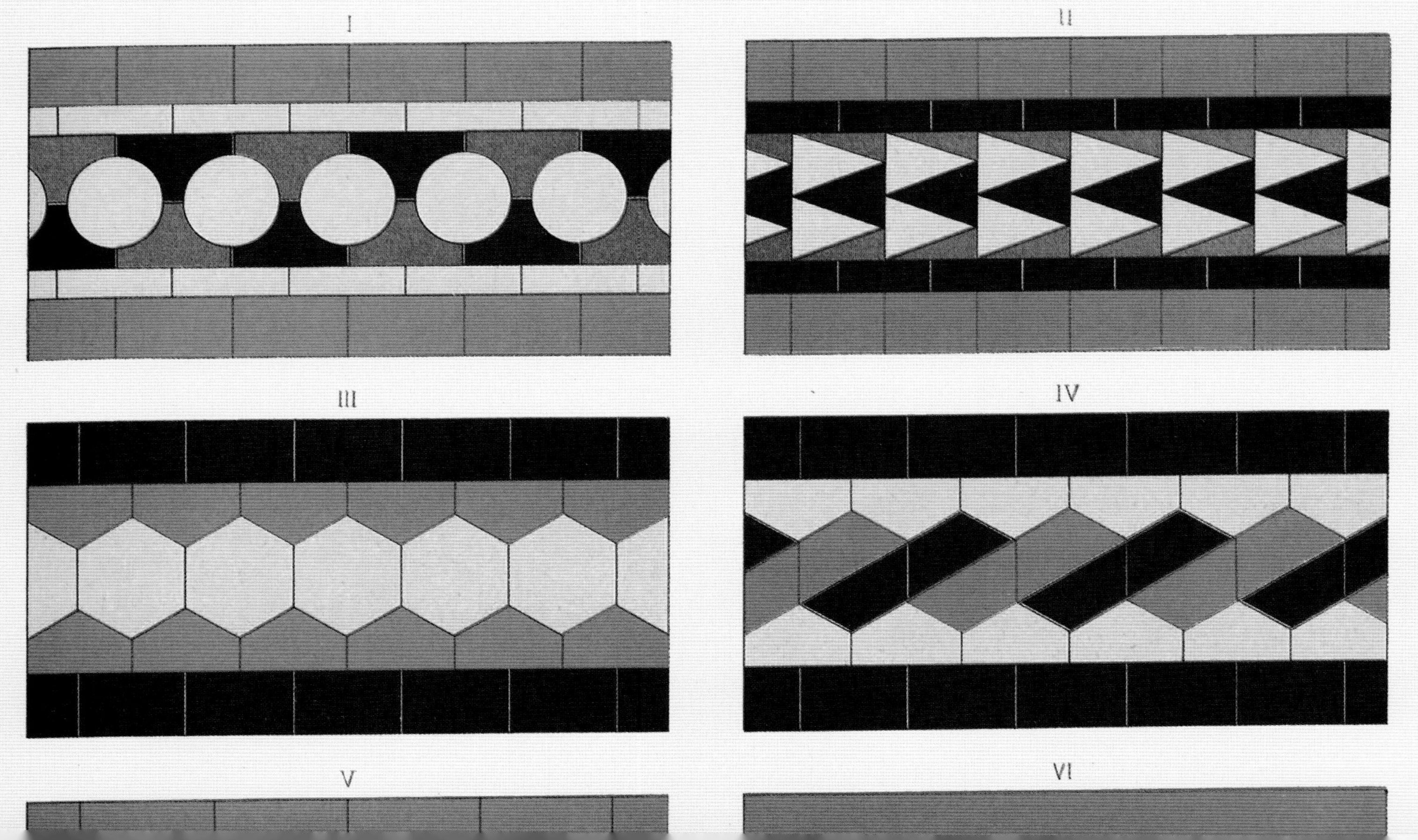

VIII

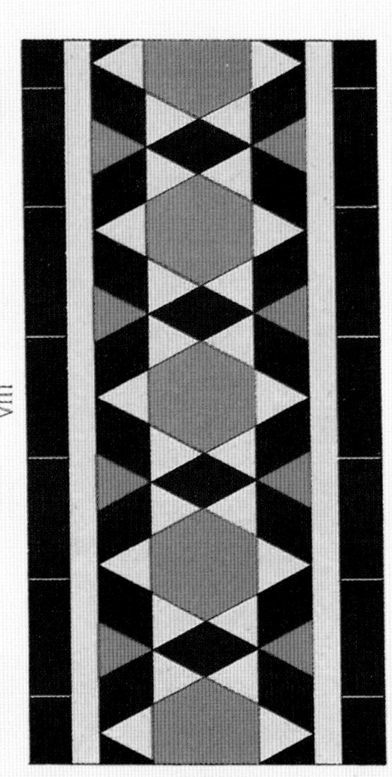

X

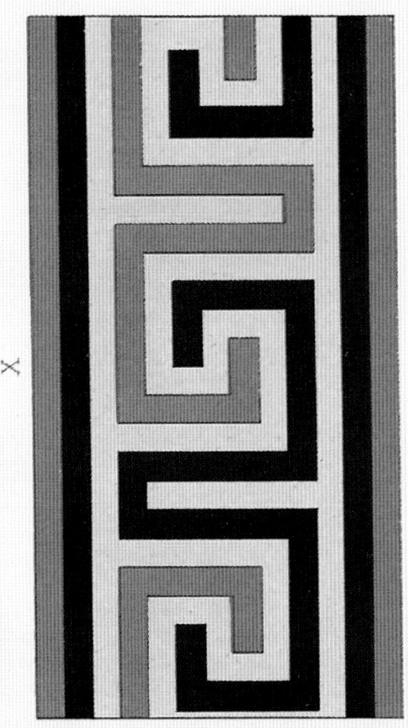

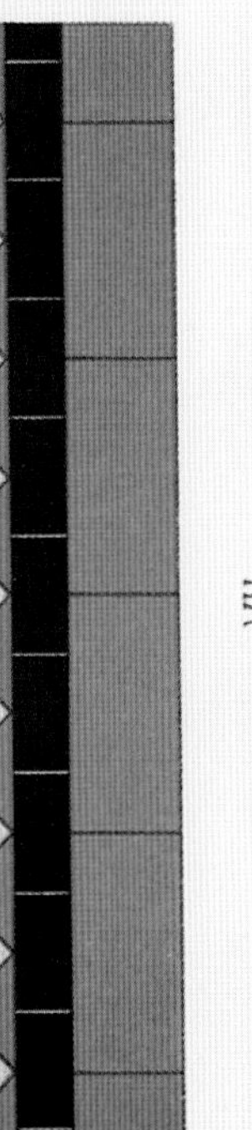

VII

IX

拱门装饰

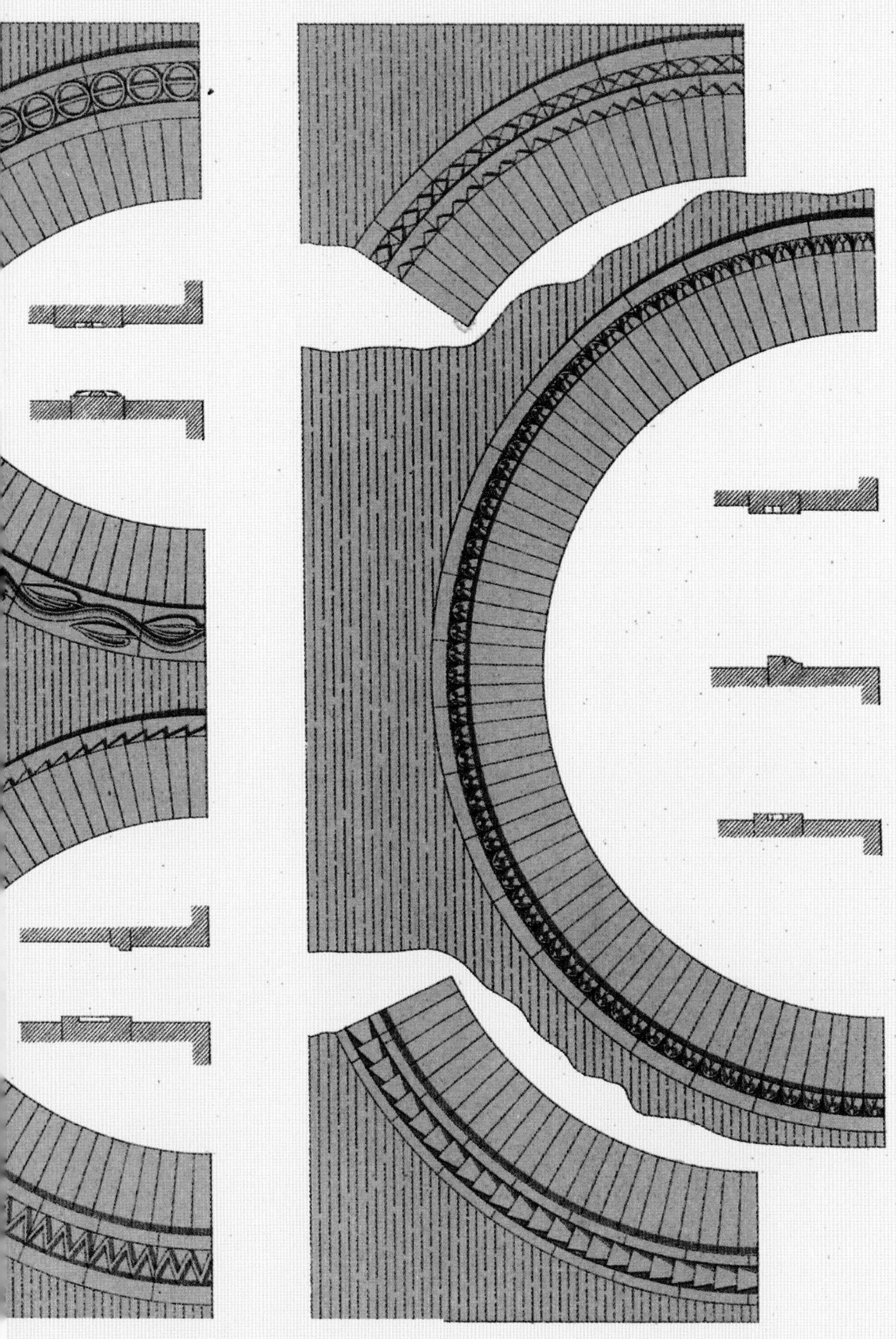

砖砌的风格

法国老房子上的 4 种釉面瓦屋顶图案

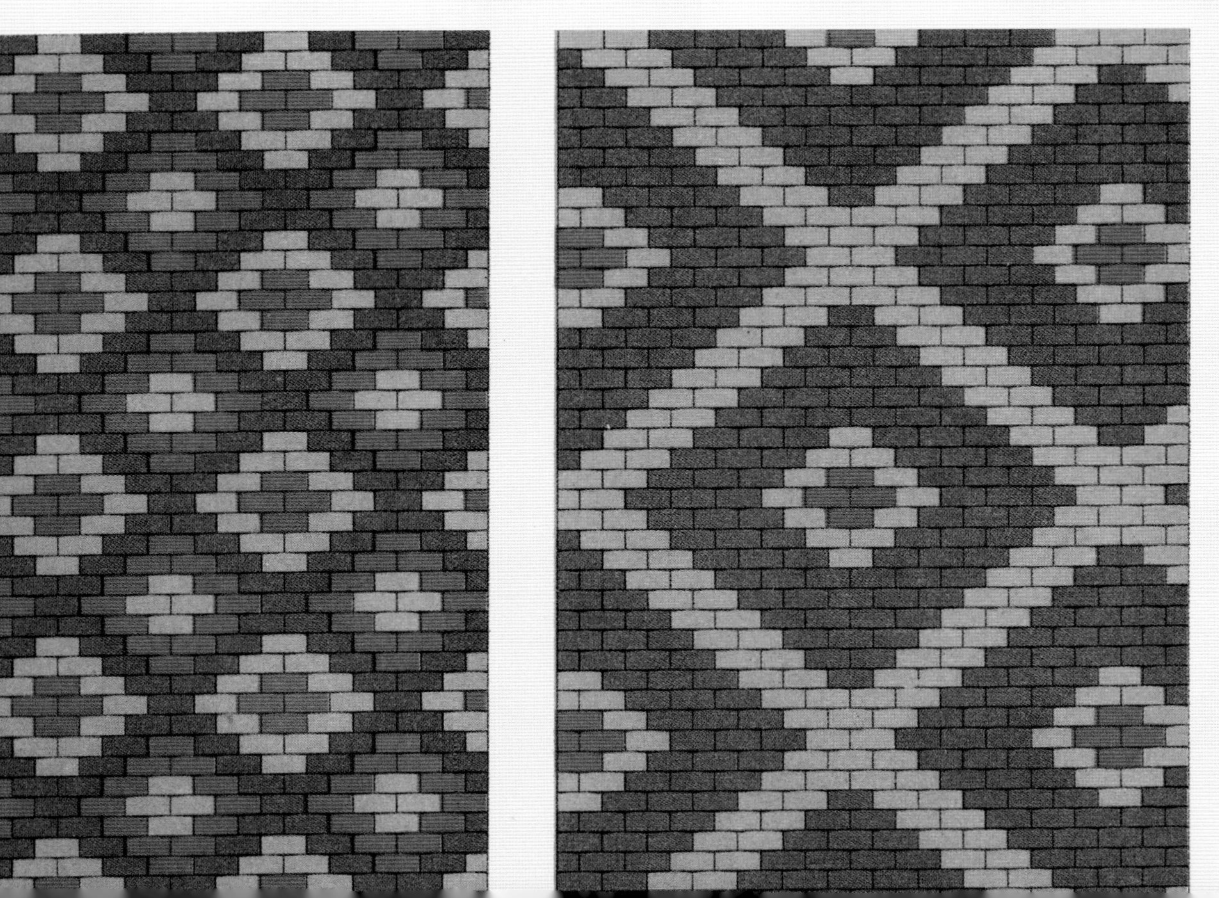

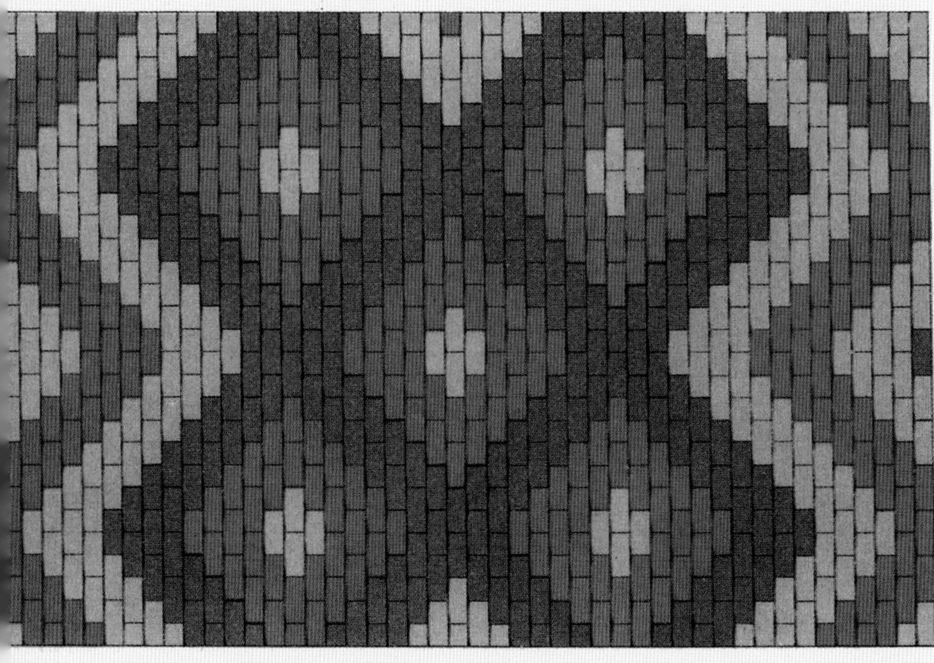

巴黎拉维莱特屠宰场餐馆的山墙和窗

巴黎三个地下室饰面

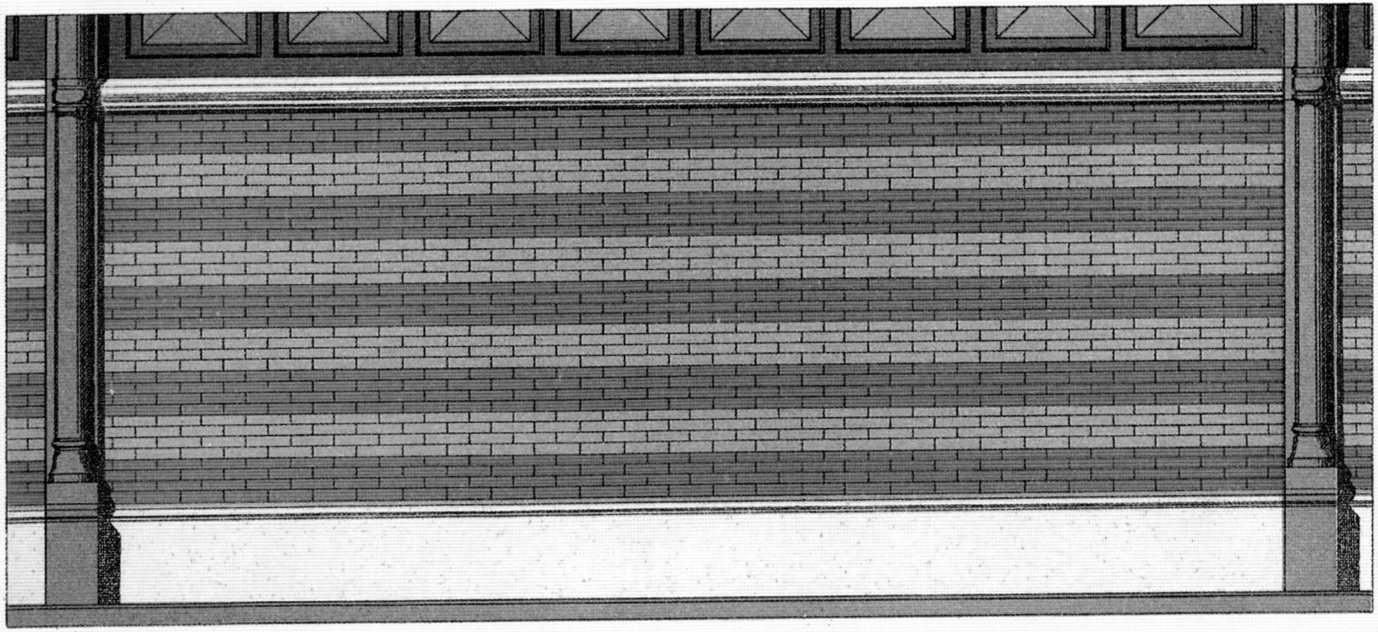

II

III

窗

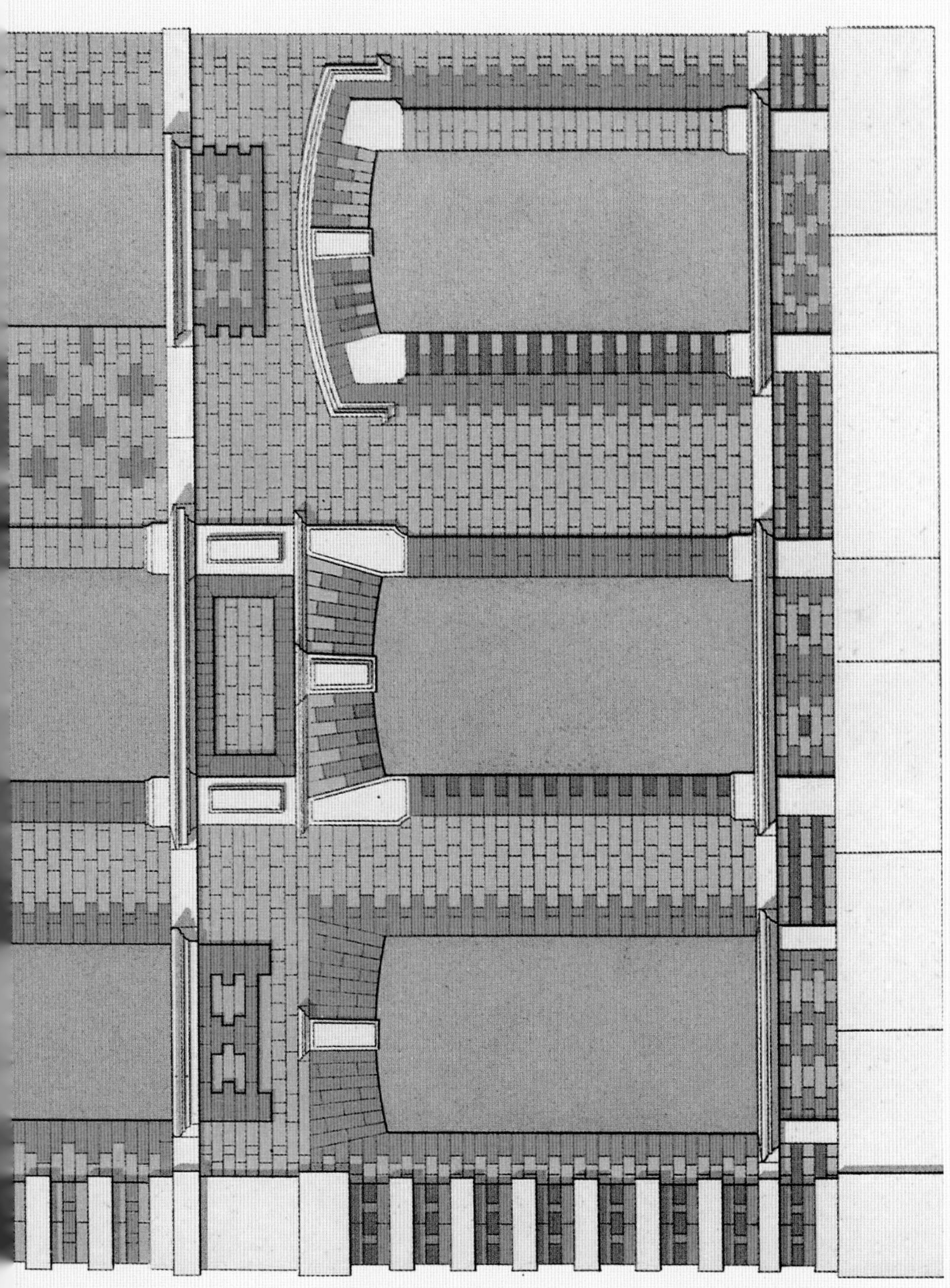

法国西部的顶石拱门和飞檐

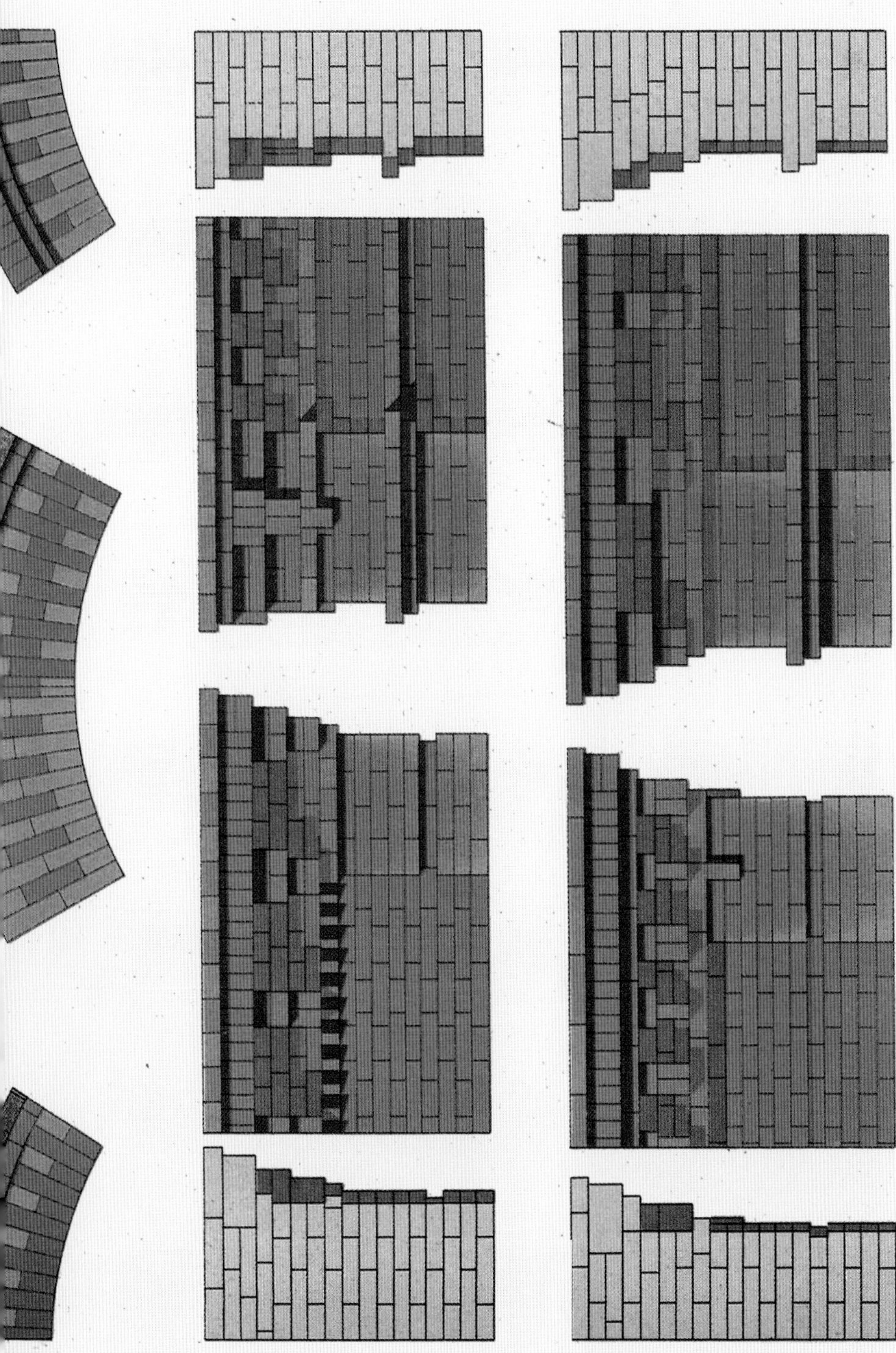

亚眠大教堂铺路的瓷砖面图案

法国北部特有的山墙收尾和窗间壁

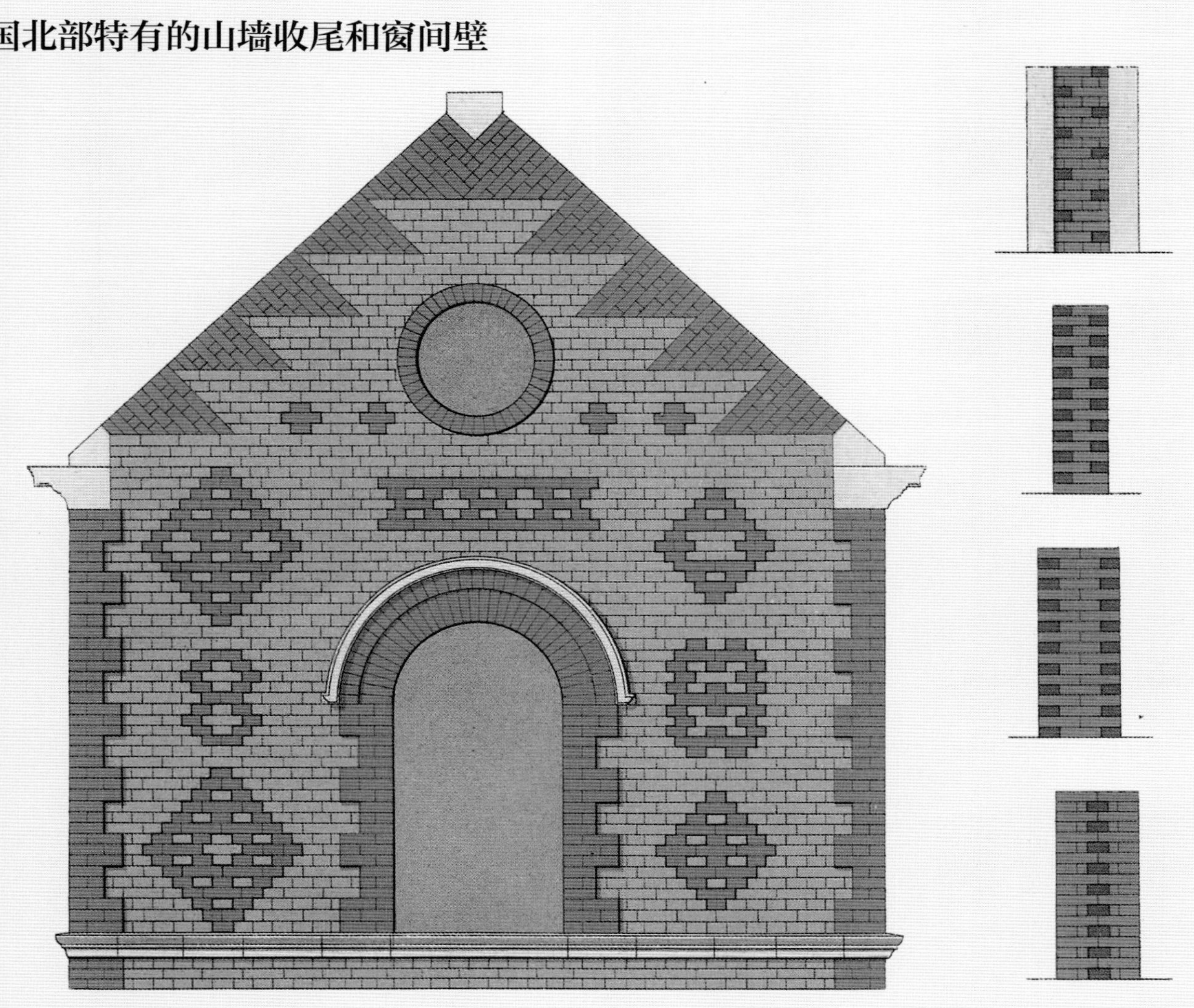

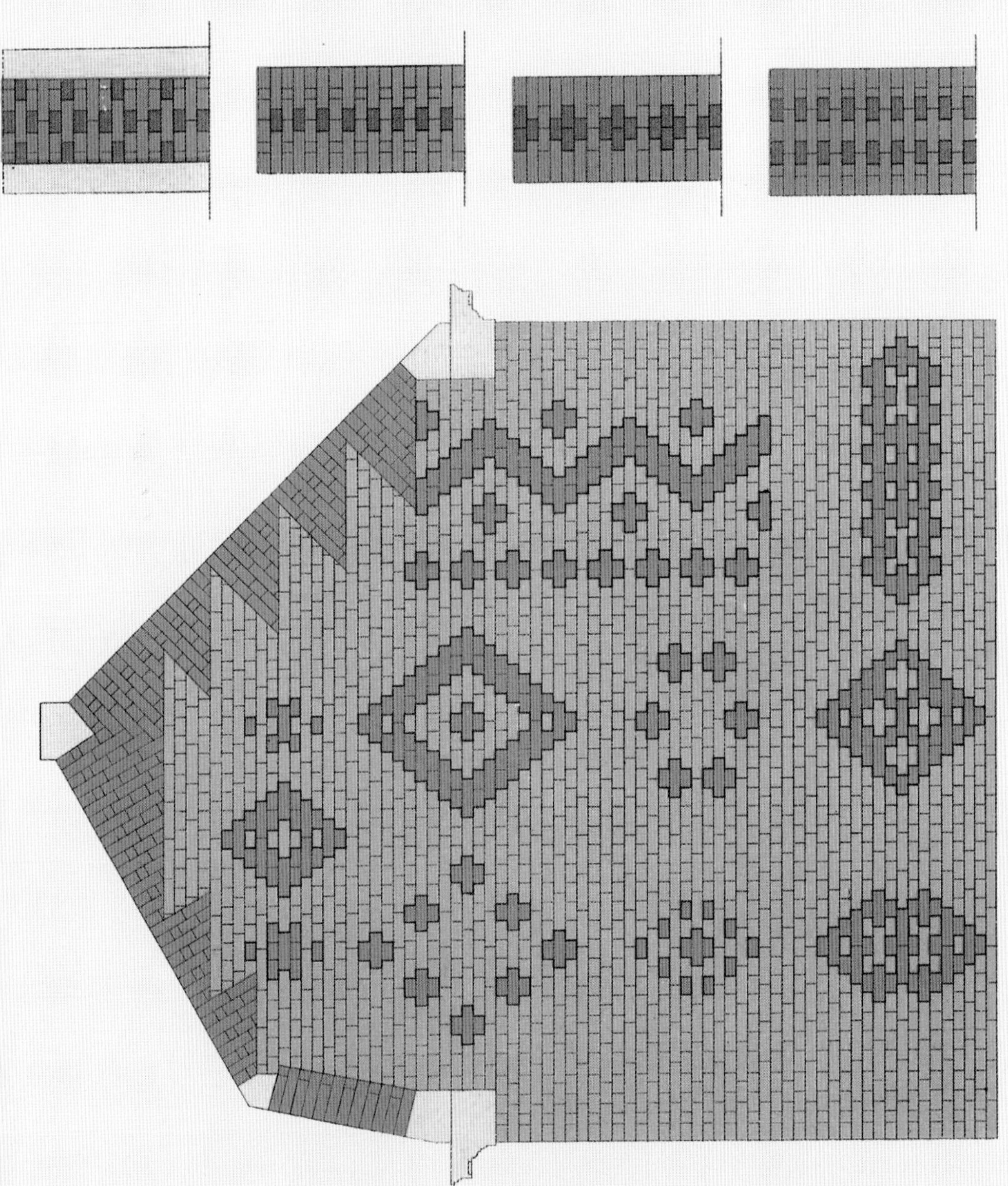

9 个陶土天花板图案

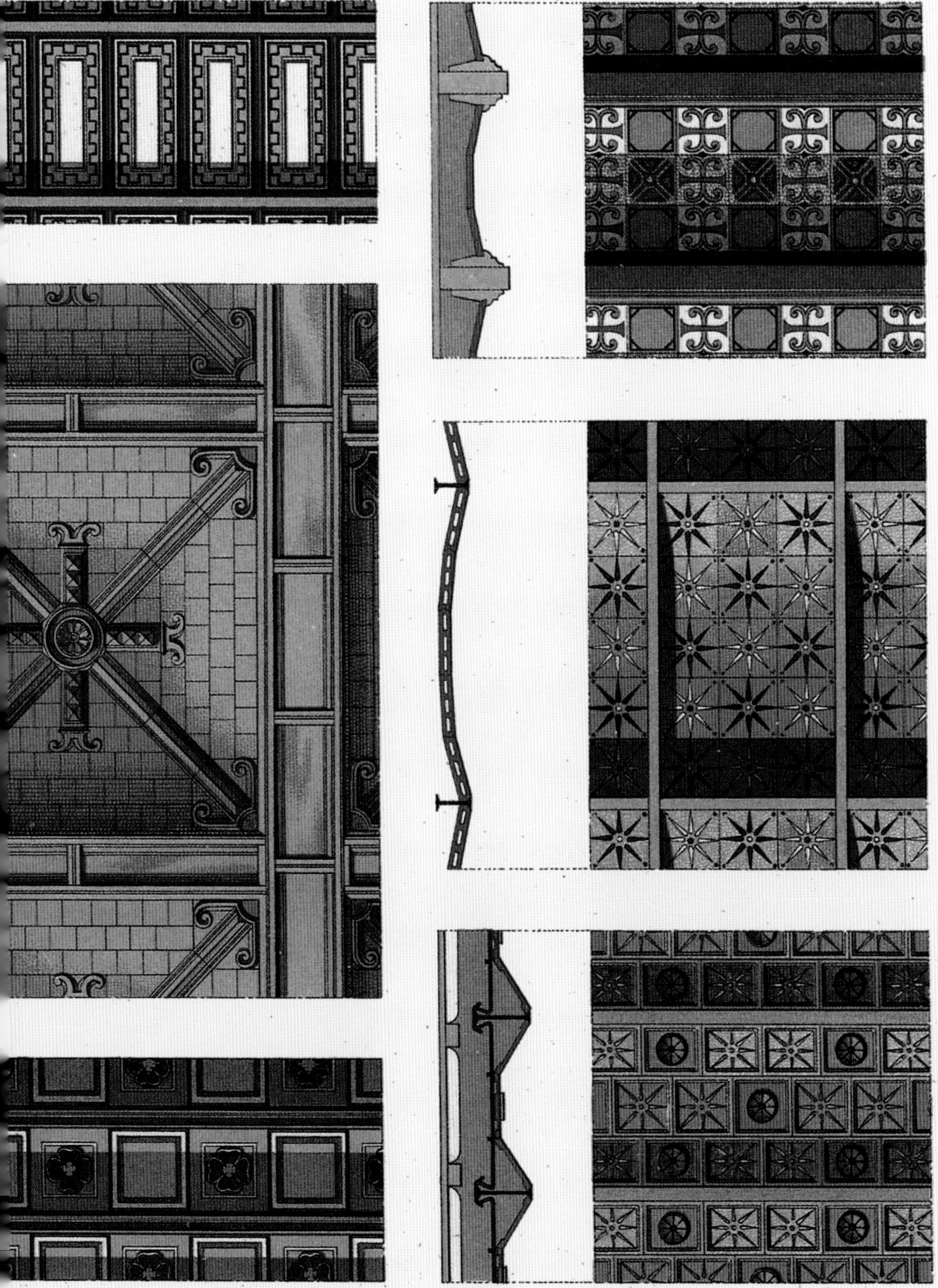

阿内城堡上砖的图案

II
III

由莫拉公司生产的釉面陶瓷

1878 年世博会的工厂烟囱

设计师：约瓦坎

1867 年世博会展出的瓷砖纹样

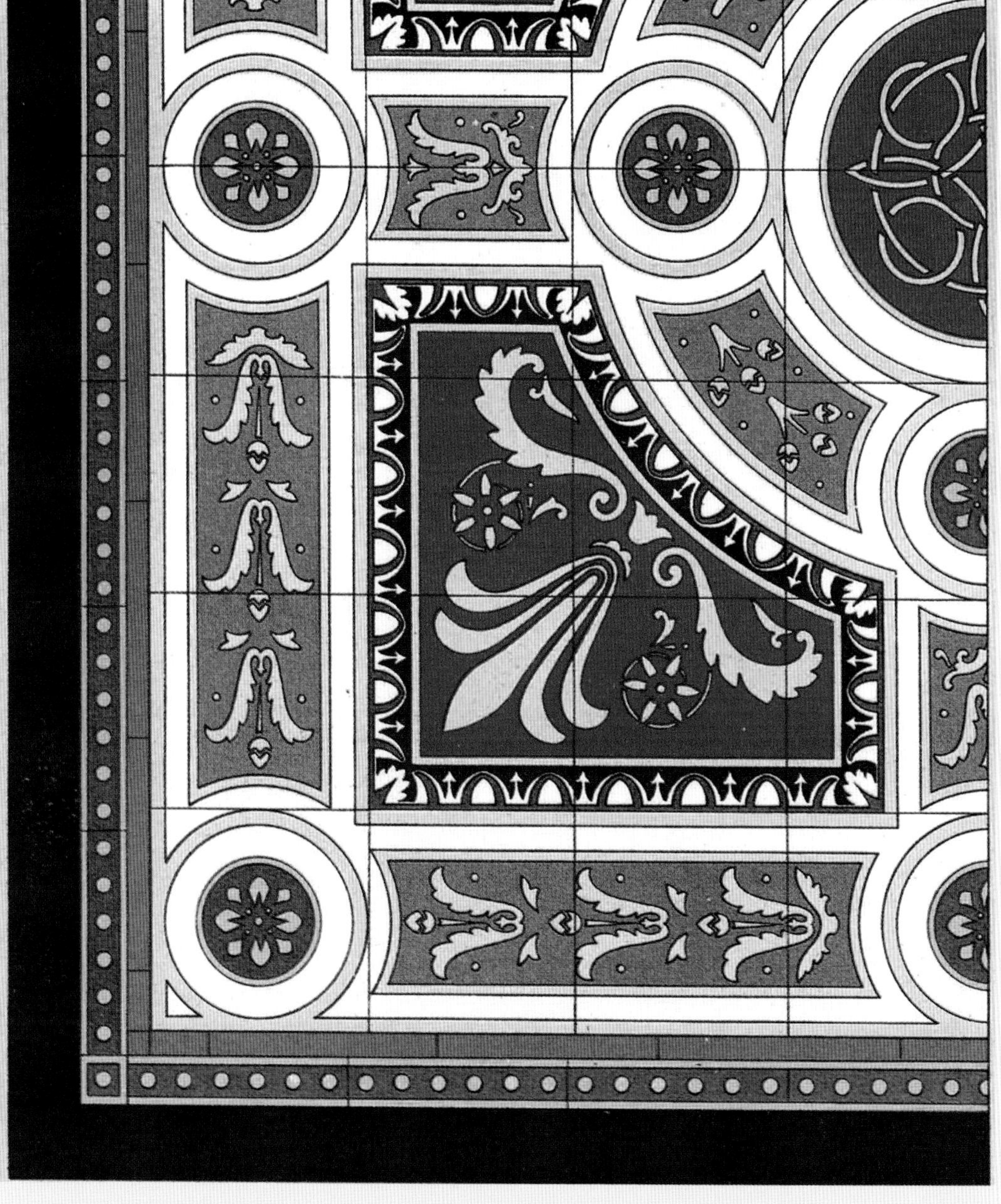

1889年世博会洛尤公司瓦、砖材质的亭子

位置：法国巴黎　　建筑师：皮埃尔·查贝特和E. 迪根特

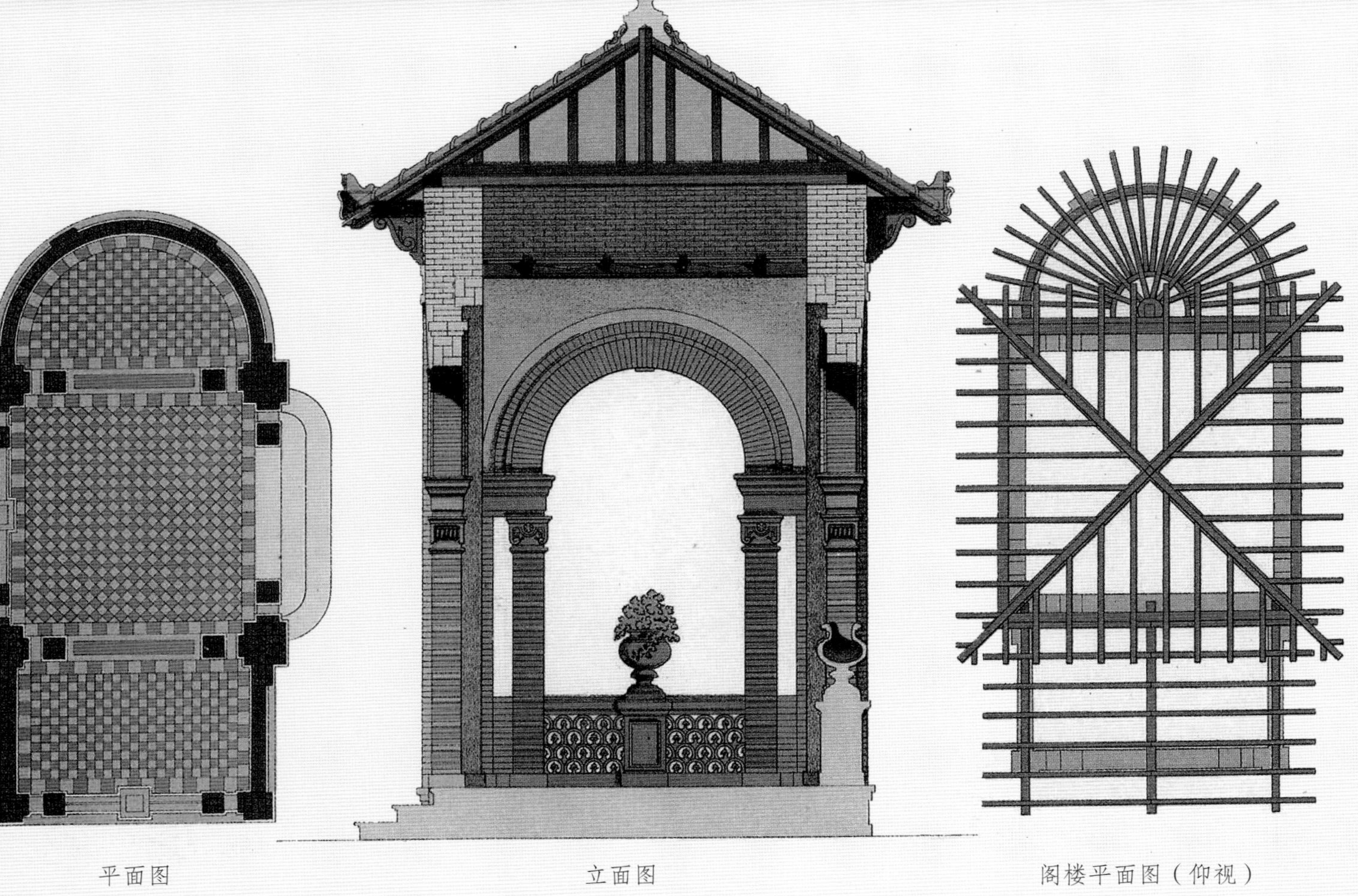
平面图
立面图
阁楼平面图（仰视）

1889 年世博会的勃艮第风格的亭子

建筑师：威廉和法尔日

主立面图

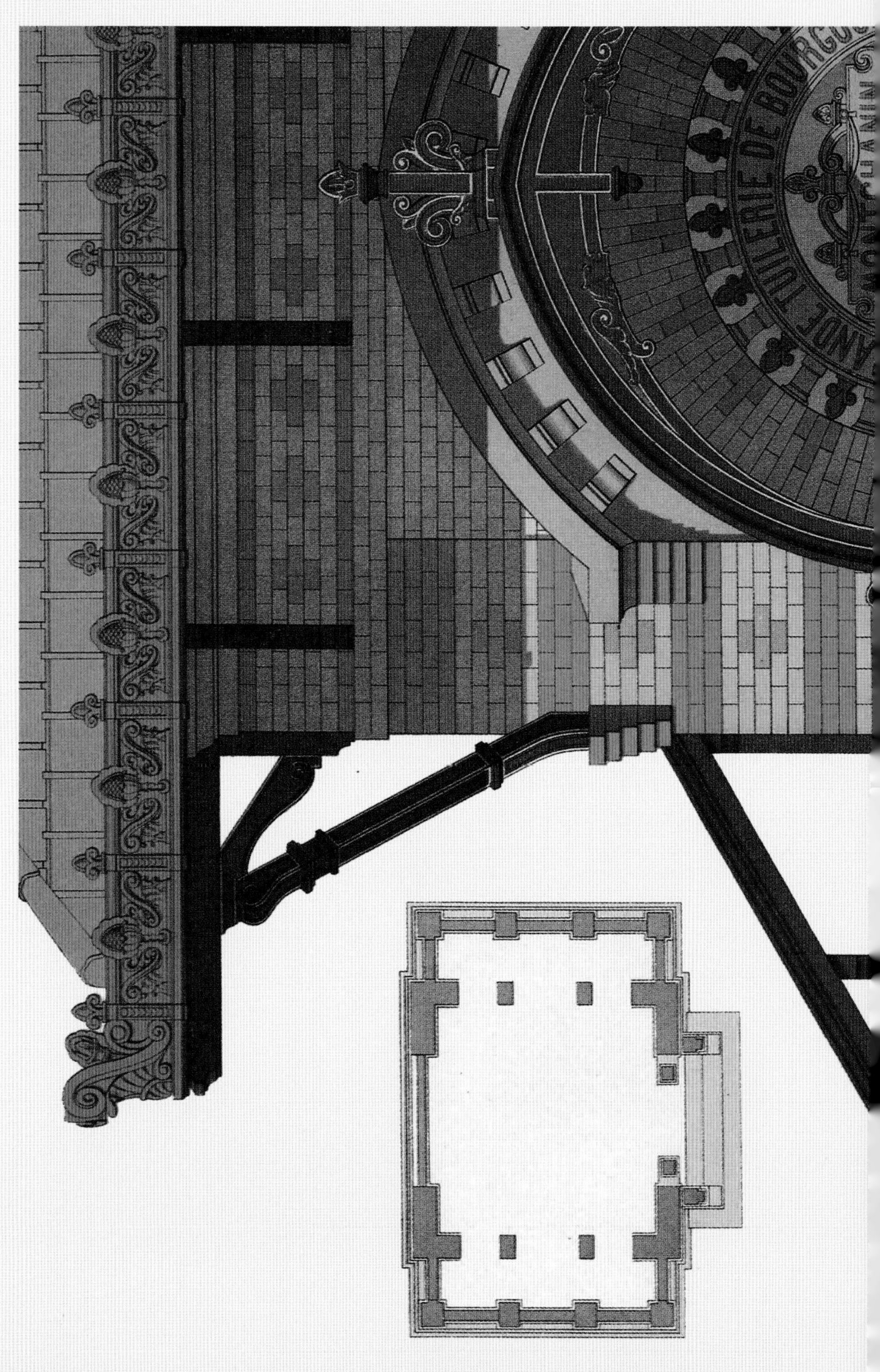

细部

1889 年世博会的美术与人文艺术宫

位置：法国巴黎　　建筑师：冯秘吉（Fermigé）

隔间上半部分

细节图

1878 年世博会战神广场站的茶点室

位置：法国巴黎　　建筑师：J. 里希

1878 年世博会陶瓷亭

位置：法国巴黎　　建筑师：德斯涅尔斯

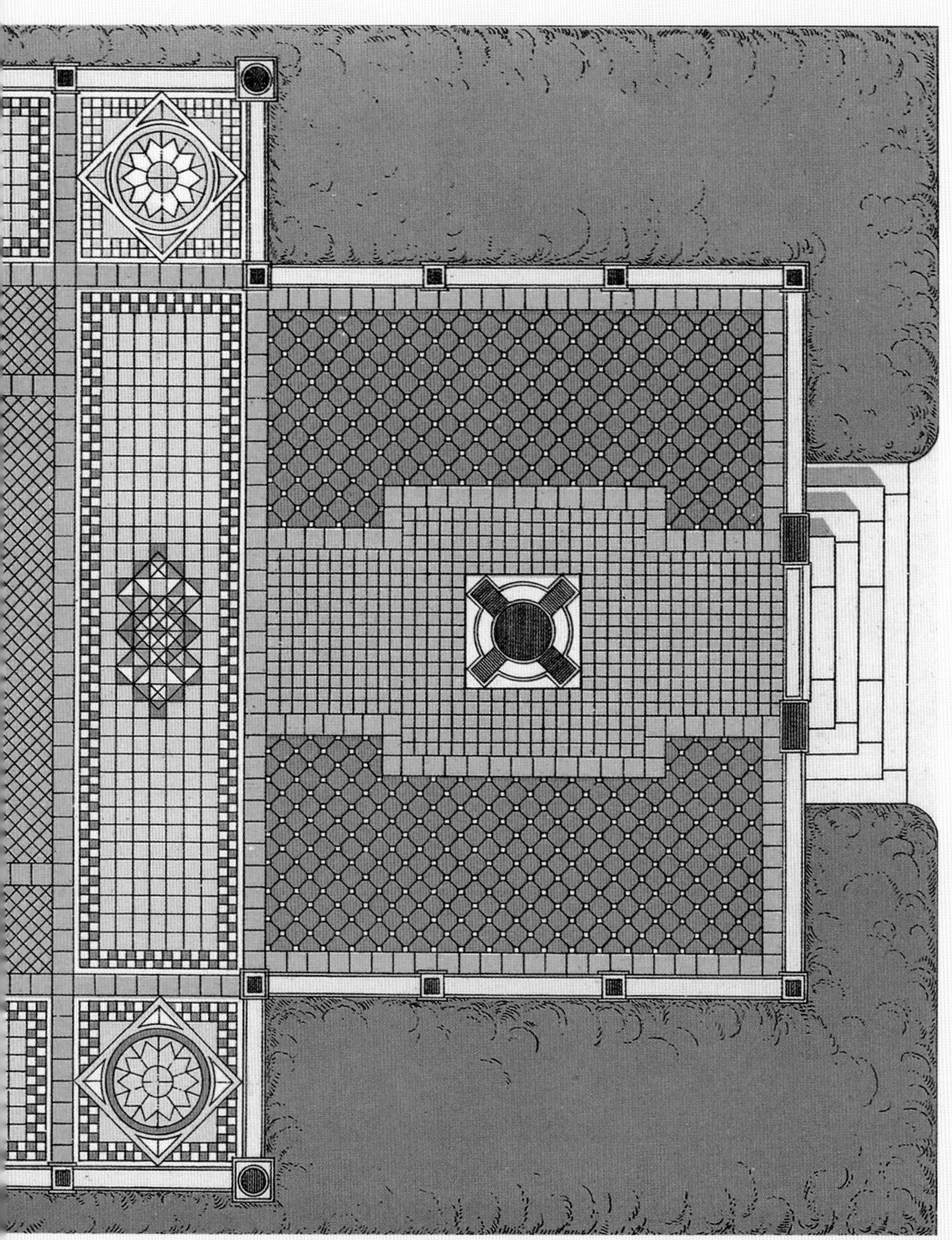

1878 年世博会道尔顿大楼

位置：法国巴黎　　建筑师：J. 斯塔克·危尔基森

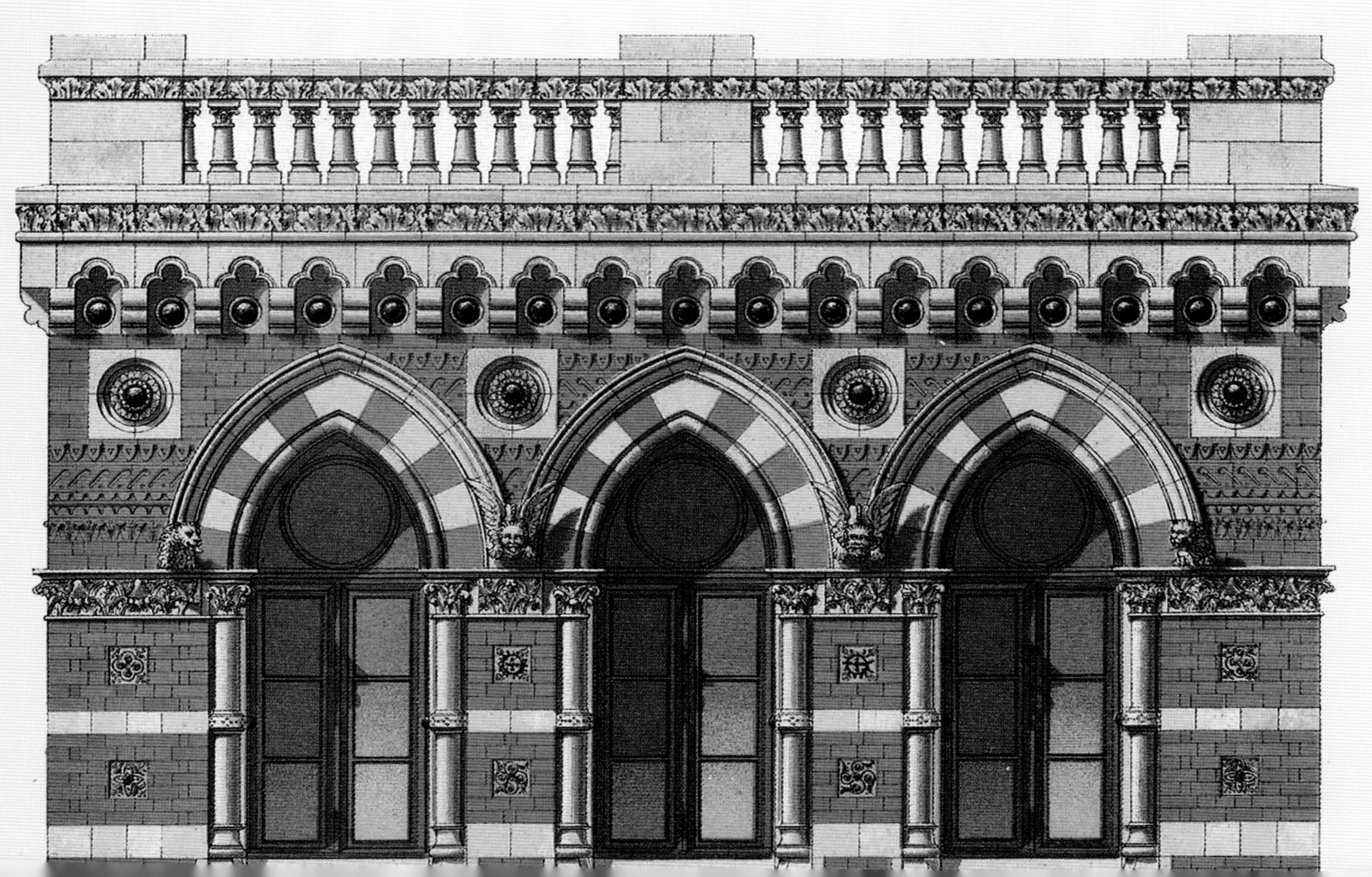

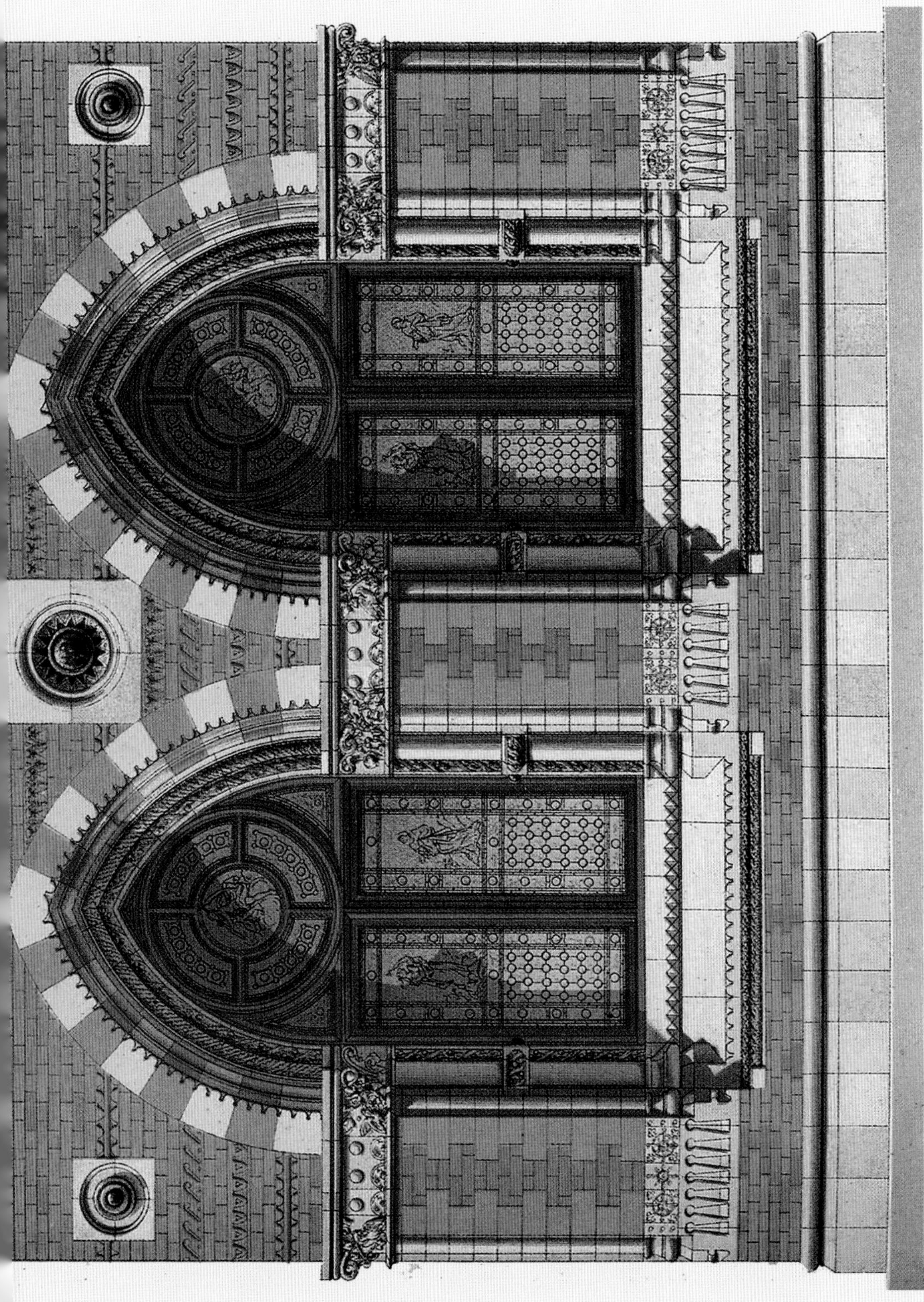

1878 年世博会工程部大楼

位置：法国巴黎　　建筑师：德达钦

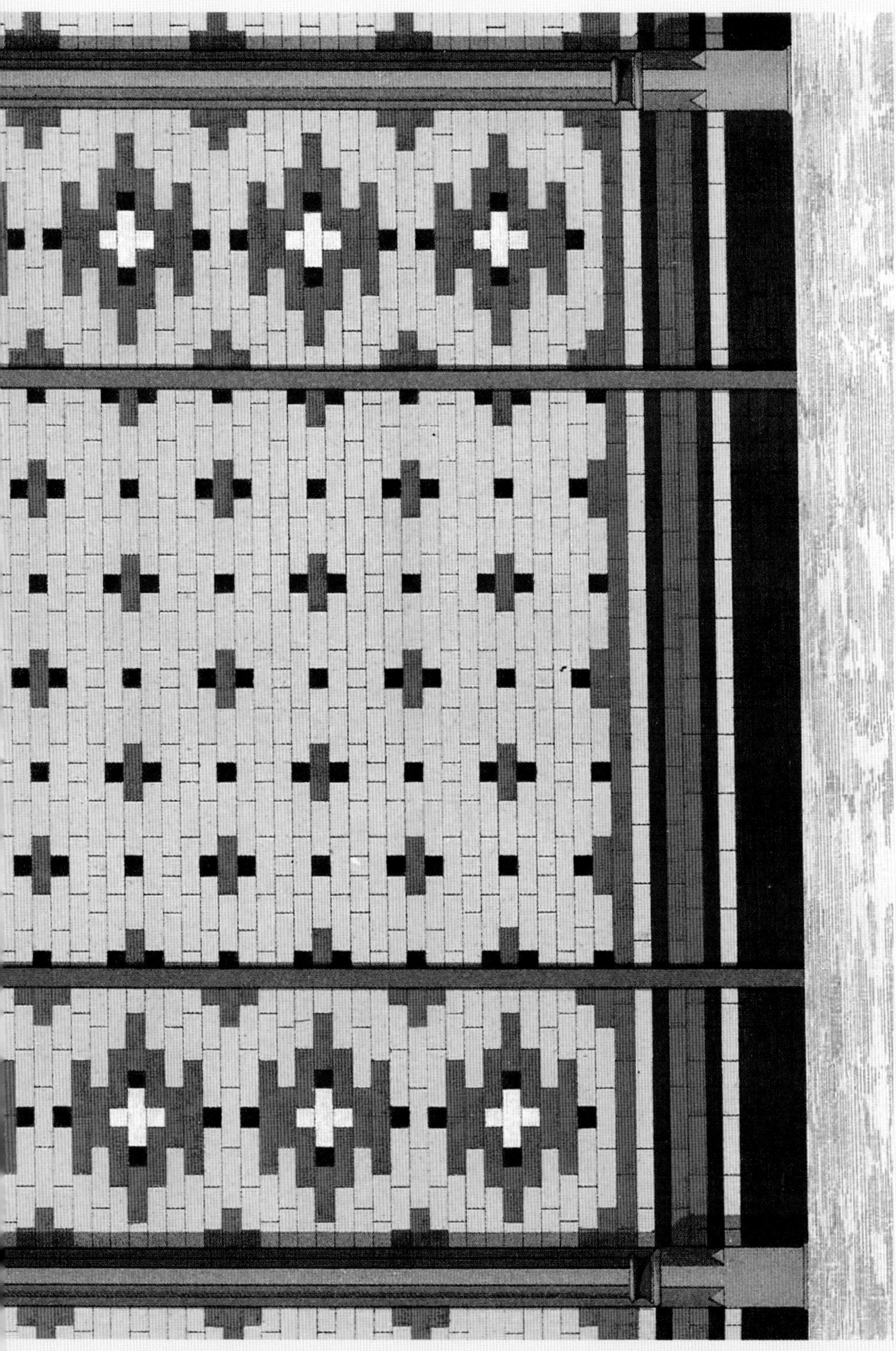

MINISTERE DES
TRAVAUX PUBLICS

1889 年世博会的机器长廊

设计师：费迪南德 · 杜特尔

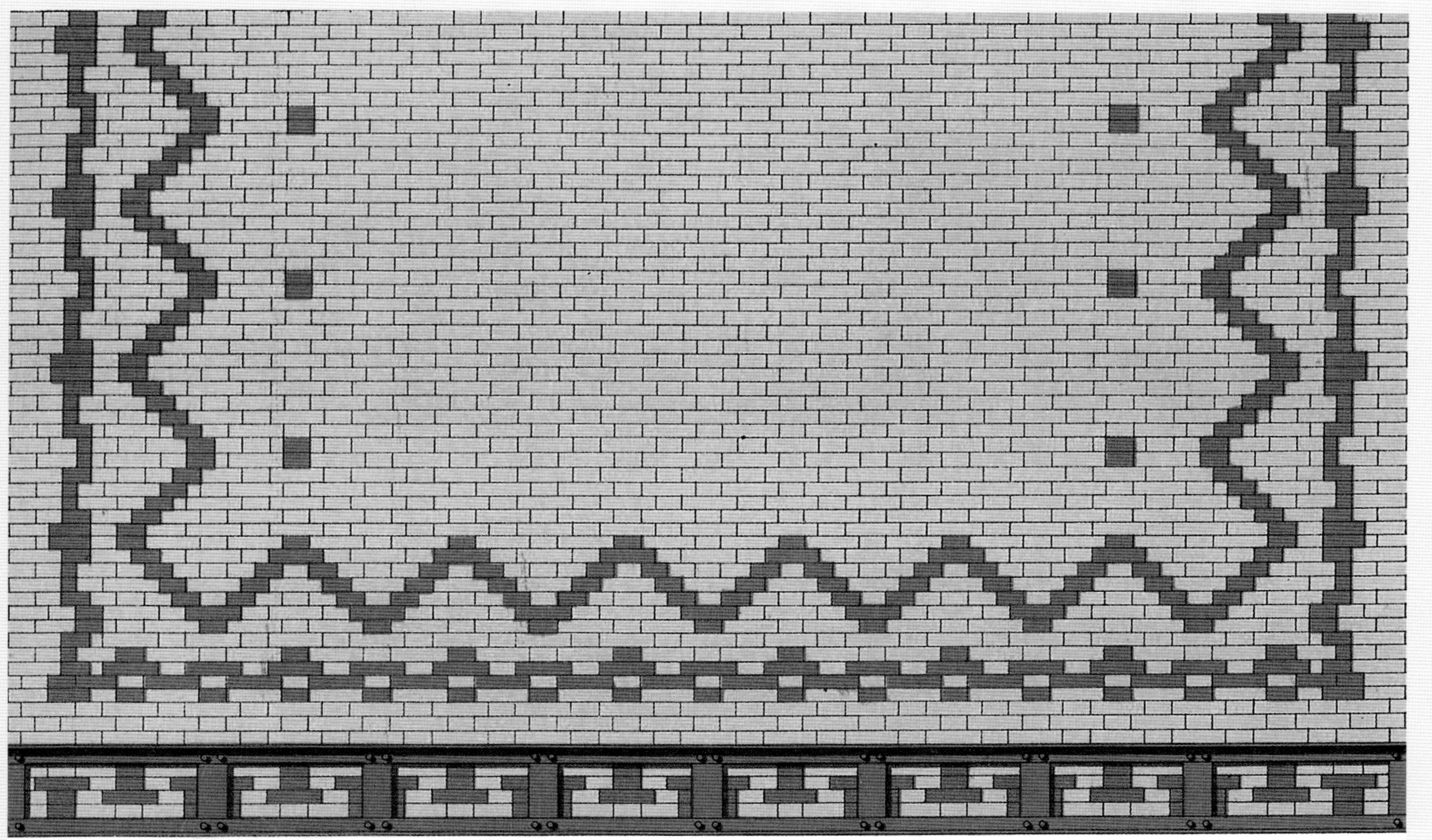

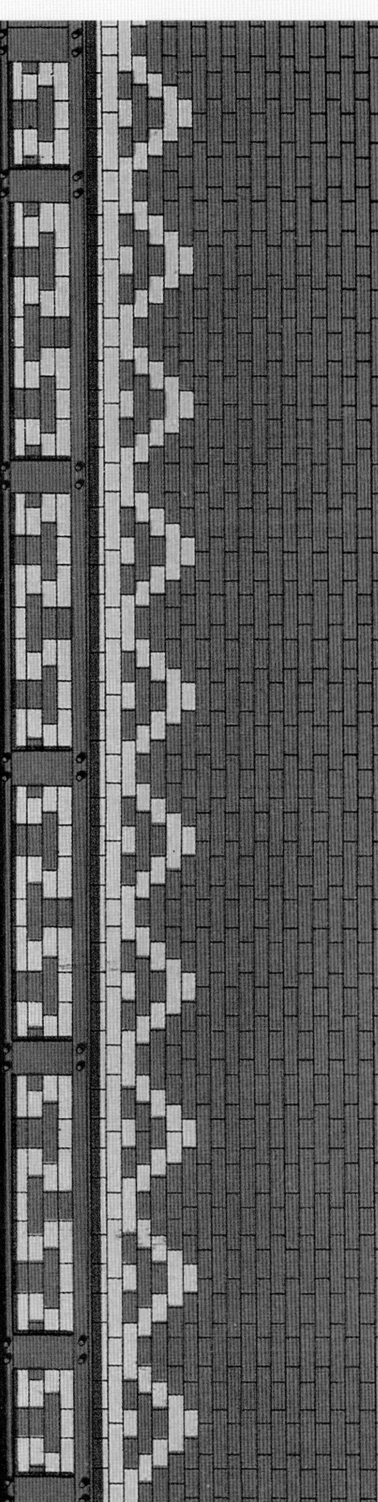

1878 年世博会的阿尔及利亚宫

位置：法国巴黎　　建筑师：韦伯

1878 年世博会战神广场火车站细部

建筑师：J. 里布

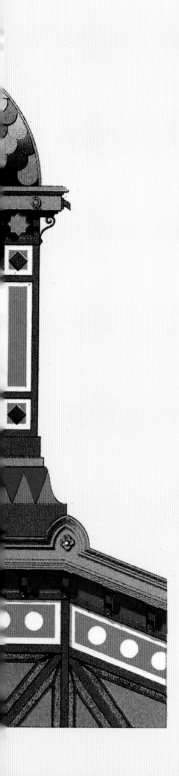

1878 年世博会燃气公司展馆

位置：法国巴黎　　建筑师：S. 索维斯特里

建造者：亚历山德 - 古斯塔夫 - 艾菲尔

图书在版编目（CIP）数据

维多利亚建筑彩绘 /（法）佩雷·夏巴编；慕启鹏，周枭译. -- 南京：江苏凤凰美术出版社，2020.1
ISBN 978-7-5580-6930-7

Ⅰ. ①维… Ⅱ. ①佩… ②慕… ③周… Ⅲ. ①建筑画－作品集－法国－现代 Ⅳ. ① TU204.132

中国版本图书馆 CIP 数据核字 (2019) 第 290940 号

出版统筹　王林军　程继贤
策划编辑　杨　琦
责任编辑　郭　渊
助理编辑　黄　卫
责任校对　吕猛进
特邀编辑　杨　琦
封面设计　李　迎
责任监印　生　媛

书　　名　维多利亚建筑彩绘
编　　者　[法] 佩雷·夏巴
编　　译　慕启鹏　周　枭
出版发行　江苏凤凰美术出版社（南京市中央路165号　邮编：210009）
出版社网址　http://www.jsmscbs.com.cn
总 经 销　天津凤凰空间文化传媒有限公司
总经销网址　http://www.ifengspace.cn
印　　刷　广州市番禺艺彩印刷联合有限公司
开　　本　710mm × 1000mm　1/16
印　　张　18
版　　次　2020年1月第1版　2020年1月第1次印刷
标准书号　ISBN 978-7-5580-6930-7
定　　价　228.00元

营销部电话　025-68155790　营销部地址　南京市中央路165号
江苏凤凰美术出版社图书凡印装错误可向承印厂调换